図解 眠れなくなるほど面白い

飛行機の話

航空解説者
中村寛治
NAKAMURA Kanji

日本文芸社

はじめに

本書は、日本文芸社から2007年に『面白いほどよくわかる　飛行機のしくみ』として発行して以来、多くの方々から貴重なご意見やご指摘を頂戴し、今回改めて全面的に見直しを行い、書き直したものです。

ライト兄弟が初飛行して以来、迎えてくれる空には大きな変化はありませんが、飛行機はめざましい進歩を遂げています。とくに近年になると、コンピュータと共に急激に発展しました。しかし、空を飛ぶことに関する基本的な部分は、ライト兄弟の初飛行からも大きな変化はありません。そこで、なぜ400トン近くもある飛行機が自由に空を飛べるのか、どうしてジェット・エンジンは大きな力を出せるのか、といった子供の頃に感じた素朴な疑問に主眼をおいて、なるべく難しい専門用語は使用せず厳密さを多少犠牲にしても直感的また感覚的に理解できるように話を進めました。

本書が、飛行機の好きな方々に少しでもお役に立てれば幸いです。

2017年吉日　中村寛治

目次

第3章　どのようにして自由に空を飛んでいるのか……57

CHAPTER 1

第1章

飛行機はなぜ飛べるのか

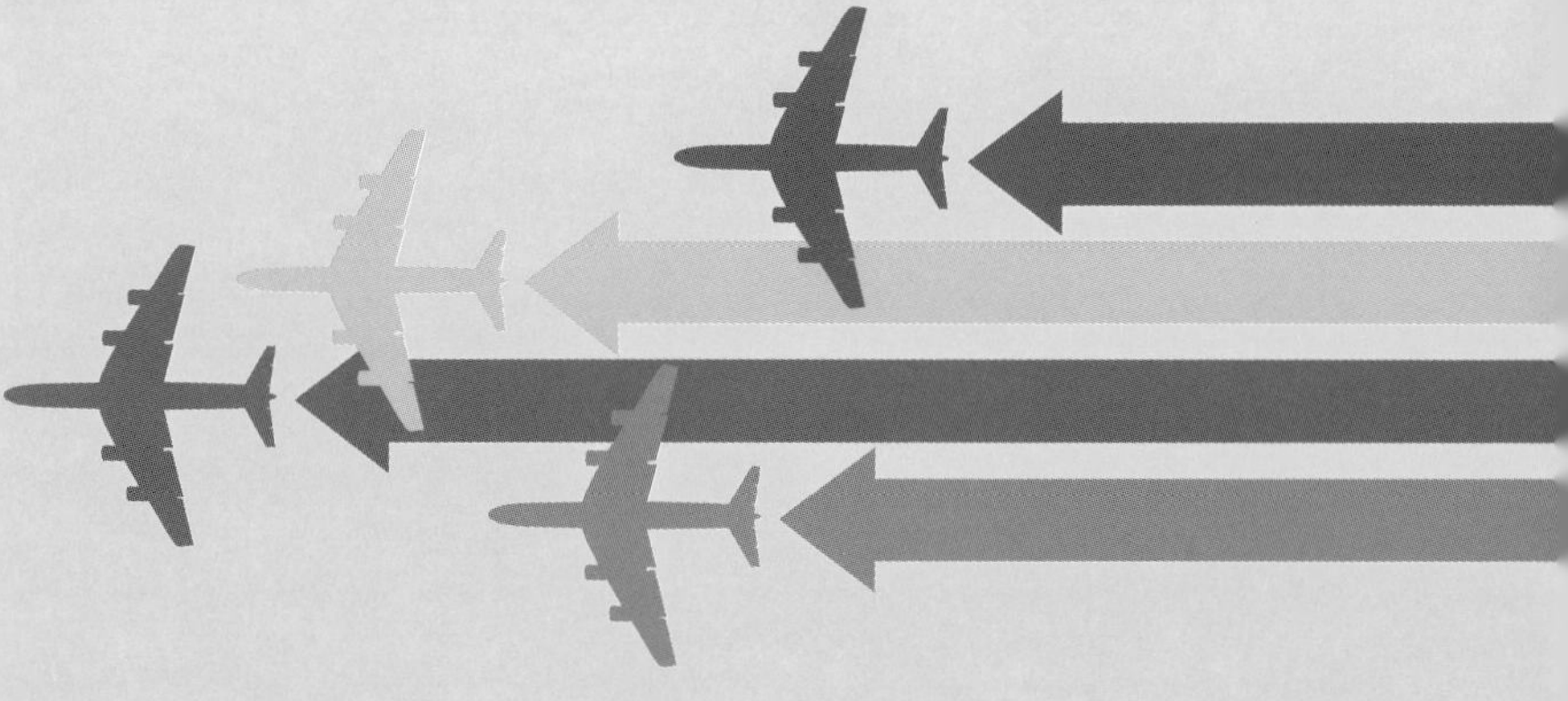

自動車と道路、飛行機と空気の4つの力関係

空気は何もしないと、飛行機を支えてくれない

自動車が道路上に停止していられるのは、自動車に作用する**重力《じゅうりょく》が道路を押す力**と、**垂直抗力《すいちょくこうりょく》**と呼ばれる道路からの反作用による力が釣り合っているからです。一定の速度で走行している場合は、エンジンによる**前進する力**と道路の摩擦力や空気抵抗など、**抗力《こうりょく》**と呼んでいる進行方向とは逆向きの力が釣り合っています。

以上のように、自動車には重力、道路からの反作用、前に進む力、抗力のあわせて**4つの力関係**があることがわかります。

飛行機の場合も、自動車と全く同じで、4つの力関係で成り立っています。しかし道路と違って空気は、何もしないでいると飛行機を支えてくれることはありません。重力と釣り合うためには、空気から力をもらう必要があります。その役割をするのが、**翼《つばさ》**です。

翼が発生する力を**揚力《ようりょく》**といい、揚力を得るためには、飛行機は前進し続けなければなりません。つまり、飛行機は移動するためだけではなく、揚力を得るためにも前に進む必要があるわけです。前に進み、翼が空気を切ることで、空気からの反作用として揚力が発生するのです。

さらにエンジンが生み出す前に進む力のことを**推力《すいりょく》**、空気が抵抗する力を**抗力**と呼んでいますが、自動車と同じように、同じ高度を一定速度で飛行している場合には、重力と揚力、推力と抗力がそれぞれ同じ大きさとなっています。

飛行機の性能を調べるための重要な要素に、揚力と抗力との比である**揚抗比《ようこうひ》**があります。揚力250トンに対して、抗力が14トンの場合の揚抗比は18になります。これは飛行機の重さの18分の1の力ですむことを意味します。

自動車が一定速度で走行中における４つの力の釣り合い

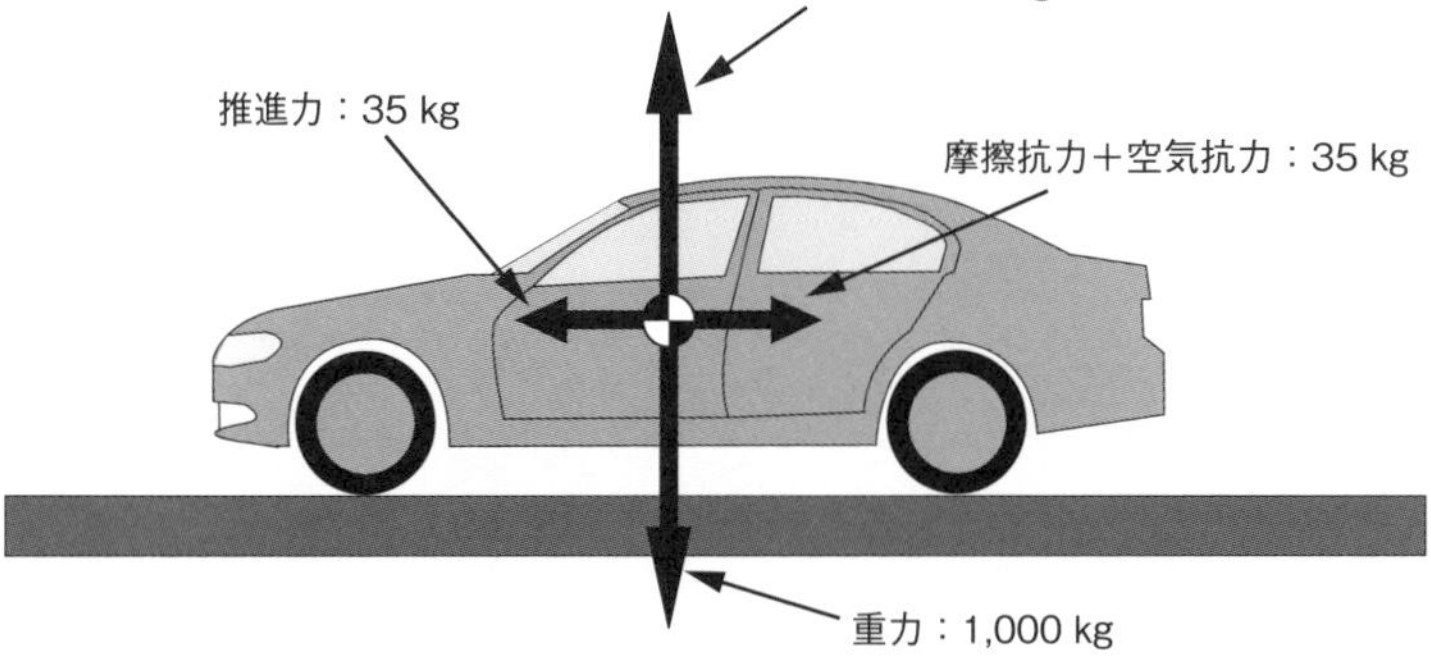

自動車を一定速度で動かす力は自動車の重さの約 1/30 程度であることがわかります。

飛行機が一定速度で飛行中における４つの力の釣り合い

$$揚抗比 = \frac{揚力}{抗力}$$

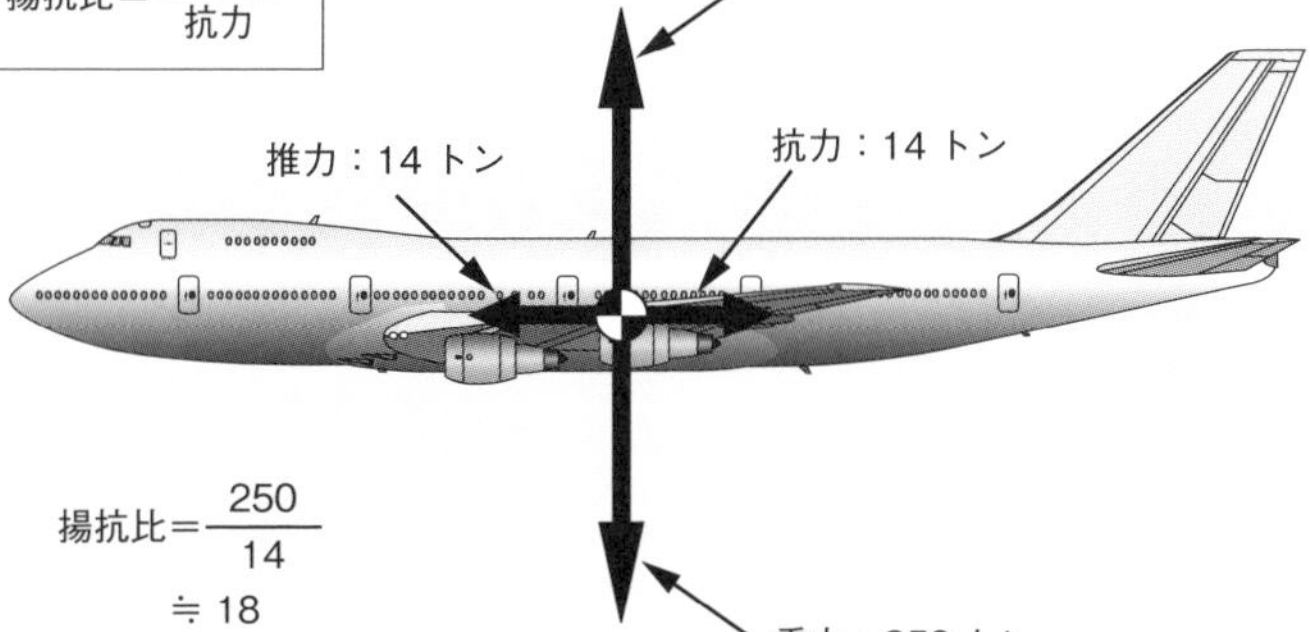

$$揚抗比 = \frac{250}{14} \fallingdotseq 18$$

飛行機を一定速度で飛ばす力は飛行機の重さの 1/18 程度であることわかります。

空気の力を調べてみよう（その1）

風呂場のタイルに吸盤がくっついているわけ

飛行機を支える**揚力**《ようりょく》や**抗力**《こうりょく》の大きさを知るために、ここではまず、空気にはどのくらいの力があるのかを調べてみましょう。

水の中に手を入れると圧迫感を感じます。この力を**静圧**《せいあつ》と呼んでいます。川のように流れのある水に手を入れた場合には、圧迫感以外にも後方に流される力を感じます。この力を**動圧**《どうあつ》と呼んでいますが、難しくいうと動圧は接線成分をもち、その大きさは手のひらの向き、流れを受け止める形にも依存します。その証拠に、鯉《こい》は川の流れを軽く受け流して同じ場所に悠然としています。

空気も、水と同じ**流体**《りゅうたい》と呼ばれる仲間ですので、静圧も動圧も定義は同じです。風などで動圧を感じることはありますが、静圧はあるのかないのかはわかりません。なぜなら、私たちは体内にも1気圧を保っているからです。

1気圧は地上における大気圧のことで、その大きさは、底面積1平方メートル、高さ10メートル以上の水柱の重さを支える力で、1平方メートルあたり約10トンもあります。

その力の大きさを実感できる例としては、釘《くぎ》が打てない風呂場のタイルなどで使用する吸盤があります。

図のように、吸盤が密着しているタイル側の空気圧は、ゼロに近いと考えられます。それに対して外側には、約20kgもの力が作用していることになります。

これは、500ミリリットルのペットボトル4本を持ち上げる力が必要ですから、簡単に取れません。しかし、タイル側に空気を入れると、1気圧同士になるので簡単に取れてしまいます。

1気圧の大きさ

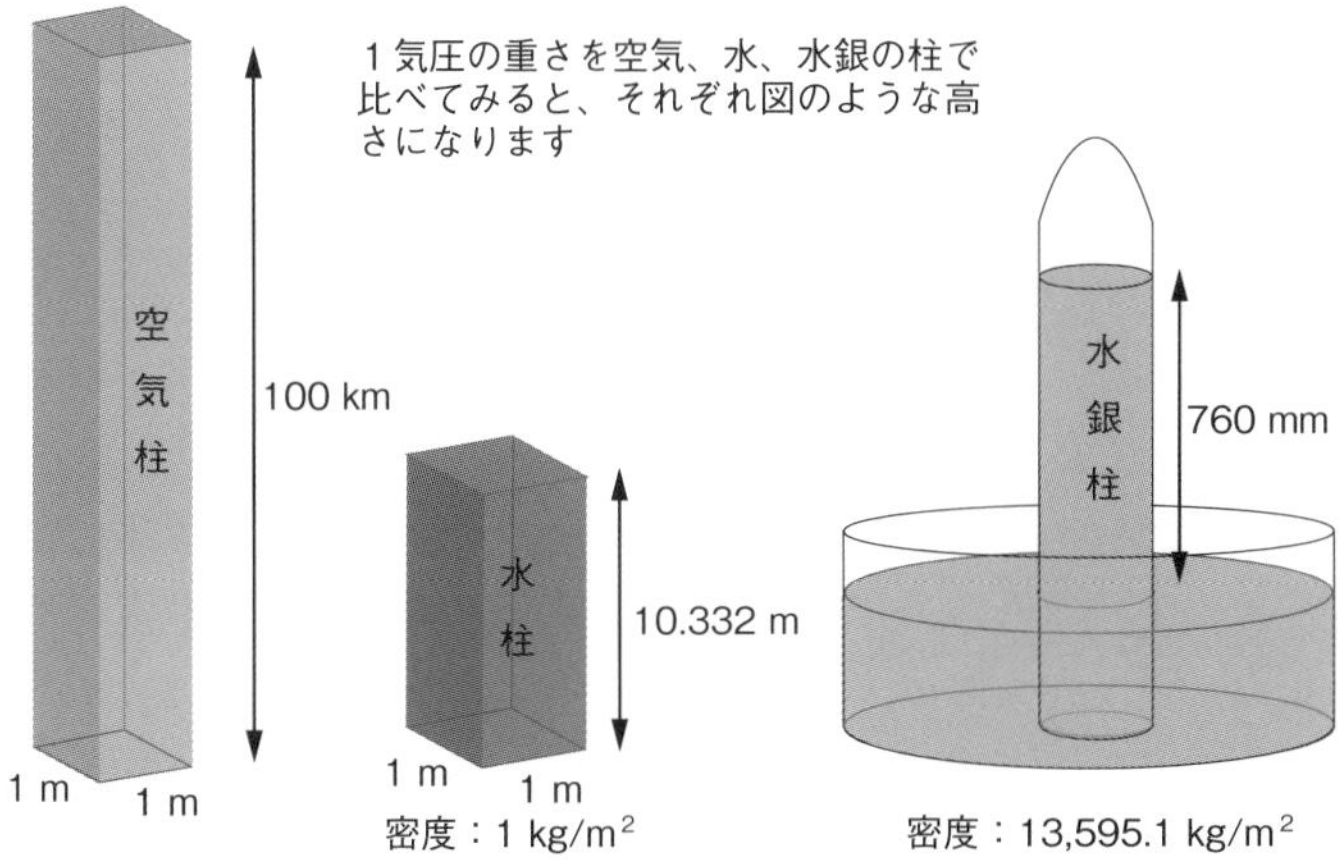

1気圧の重さを空気、水、水銀の柱で比べてみると、それぞれ図のような高さになります

水銀柱の重さ：13,595.1×0.76＝10,332　kg/m²
水柱の重さ：10.332×1＝10,332　kg/m²
空気柱の重さ：10,332　kg/m²

吸盤と空気圧

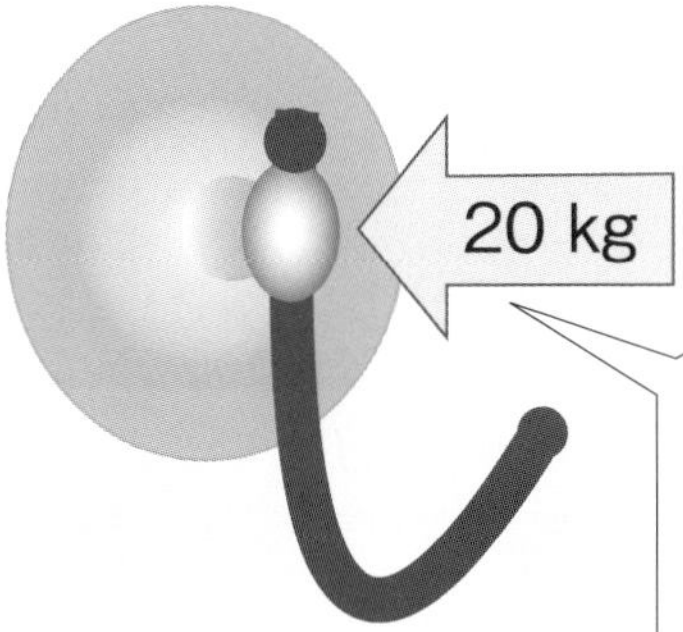

吸盤の半径を 2.5cm とすると吸盤の表面積は
2.5×2.5×3.14≒20cm²
となるので、吸盤全体に作用する力は
20cm²×1 kg/cm²≒20 kg
となります

空気の力を調べてみよう（その2）

静圧と動圧の関係

洗車する時など、ホースの先をつまむと水の勢いが増し、タイヤ周りの汚れを落とす時に便利です。蛇口から出る水の量は変わらないのに、なぜ水の勢い、速度が増すのでしょうか？

ホースの先端周辺をつまむと勢いが増す、つまり流速が速くなるということは、**動圧《どうあつ》が大きくなっている**ことになります。

ただしつまんだ先端周辺の水圧が、もとの水圧より高いと、水は流れなくなります。しかし、実際は水は勢いよく流れタイヤの汚れをしっかりと落としてくれます。

その理由は、流速が速くなると、いいかえれば動圧が大きくなると静圧のほうが小さくなり、全体の圧力（全圧）を一定にして、流れを阻害しないようになっているからです。

動圧が大きくなると静圧が小さくなる、という事実をエネルギーの観点から考えてみましょう。

狭い通路では**運動エネルギー（動圧）**は、**圧力エネルギー（静圧《せいあつ》）**に変化しますが、**全体のエネルギー（総圧《そうあつ》）**としては、エネルギー保存の法則により変化はありません。これをベルヌーイの定理といい、図中にある式のようになります。

以上のことは、水を空気に置き換えても同じです。たとえば、風をまともに受けると後ろに倒されるような力を感じるのはなぜでしょうか？

風の速度が身体で受け止められゼロになるので運動エネルギーが圧力エネルギーに変換され、受け止めた側の静圧が大きくなり、後方へ倒されるような力を感じるのです。このように、**動圧は流れを止められて初めて、静圧として力を発揮する**ことになります。

静圧と動圧の関係

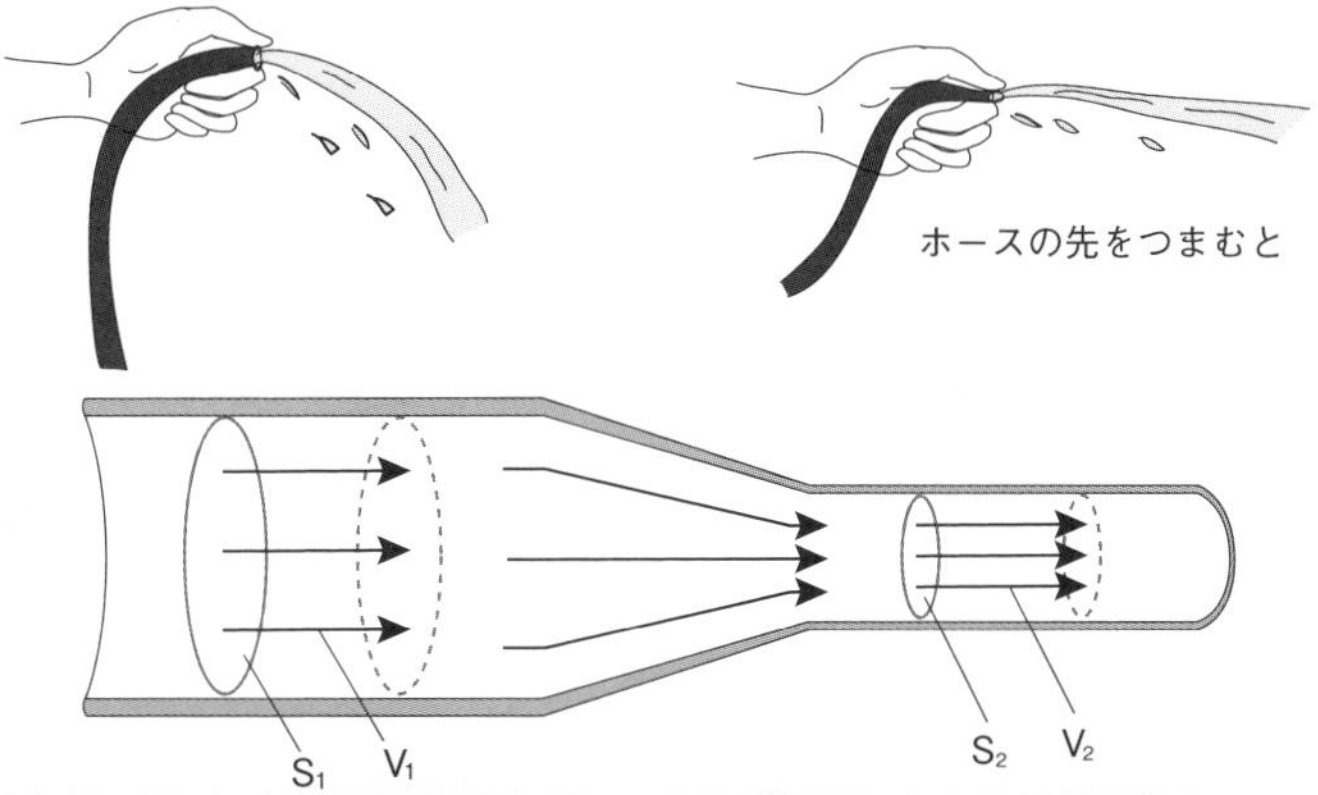

ベルヌーイの定理　$P+\frac{1}{2}\rho V^2=$一定　(静圧)+(動圧)=(一定)

ホースの断面積を S_1、速度を V_1、指で絞った出口の断面積 を S_2、速度を V_2 とすると、
時間 t 秒当たりの量 W

W=(空気密度)×(断面積)×(動いた距離)

は広いところでも出口でも同じなので、

$W=\rho\cdot S_1\cdot V_1\cdot t=\rho\cdot S_2\cdot V_2\cdot t$

となります。このことから、

$S_1\cdot V_1=S_2\cdot V_2$　(連続の法則)

静圧を P とすると
位置エネルギ=(圧力)×(体積)

$=P\cdot S\cdot V\cdot t$

運動エネルギ=1/2×(質量)×(速度)^2

$=1/2\cdot(\rho\cdot S\cdot V\cdot t)\cdot V^2$

となりますが、出口のものも同じようになります。
そして，広いところのエネルギの総和は出口のそれと同じになるので，

$P\cdot S_1\cdot V_1\cdot t+1/2\cdot(\rho\cdot S_1\cdot V_1\cdot t)\cdot V_1^2$
$=P\cdot S_2\cdot V_2\cdot t+1/2\cdot(\rho\cdot S_2\cdot V_2\cdot t)\cdot V_2^2$

となります。ここで、連続の法則により

$S_1\cdot V_1=S_2\cdot V_2$

なので、両辺からこの式と t が消え

$P+1/2\cdot\rho\cdot V_1^2=P+1/2\cdot\rho\cdot V_2^2$

翼が生み出す力「揚力」とは？

揚力は、動圧と翼面積に比例する

鯉は川の中で、流れを軽く受け流して悠然として同じ場所にいることができます。

その理由は流線型と呼ばれている形にあります。鯉の周りの流れの様子（流線と呼ぶ）を見ると、左右対称になっています。流れが曲げられても、いいかえれば動圧が変化しても、左右とも同じ大きさなので力が釣り合っているのです。

ということは、**動圧のバランスを崩すことによる反作用が力を生み、動圧が大きいほどその力も大きくなると考えられます**。

この力は、身近なものでも経験できます。たとえば、スプーンの湾曲した側を蛇口から出ている水に近づけていくと、ある位置から急に引っ張られる力が作用します。湾曲している側の空気が水に加速され動圧が大きくなるからです。

また、紙の上部を吹くと紙が持ち上がるのも同じ理屈です。そして図のように、いろいろな形の板をいろいろな角度で風の中で実験すると、もっとも効率よく力が出せる板の形と、板の角度（迎え角）があることがわかります。

このように、動圧の変化による力をうまく利用し、翼が生み出す力のことを**揚力**と呼んでいます。

余談ですが、「鯉の滝登り」は、川の動圧よりも大きい滝の動圧を利用すれば可能なのではないかと思われます。

このように、翼が空気をうまく受け流すことで揚力が発生しますが、動圧は接線成分をもち、その大きさは流れを受け止める形、つまり面積に依存するので、翼の面積が大きければ大きな揚力を得ることがわかります。

このことから、**揚力は、動圧と翼面積に比例する**ことがわかります

揚力を発生させる空気の流れ

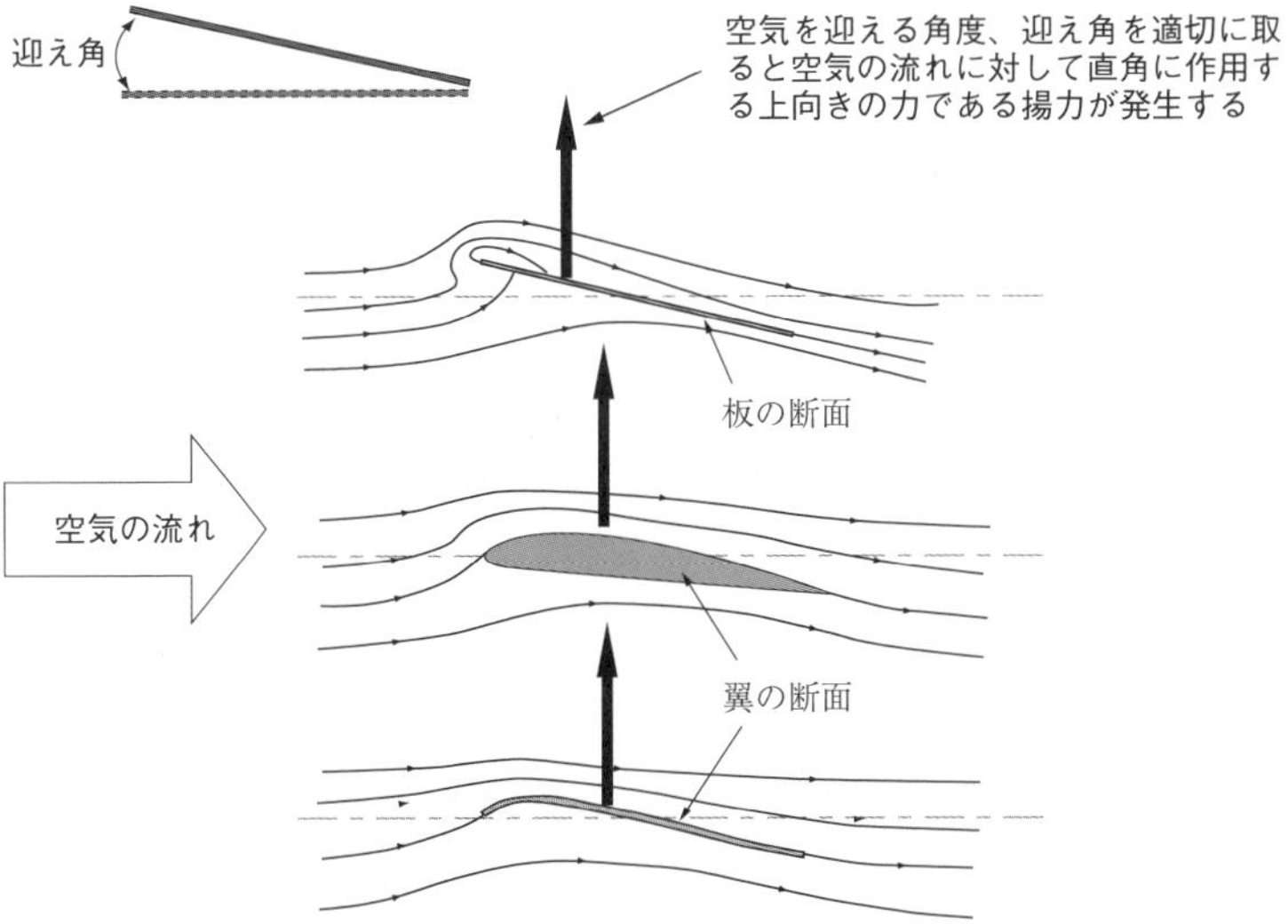

揚力が発生しない空気の流れ

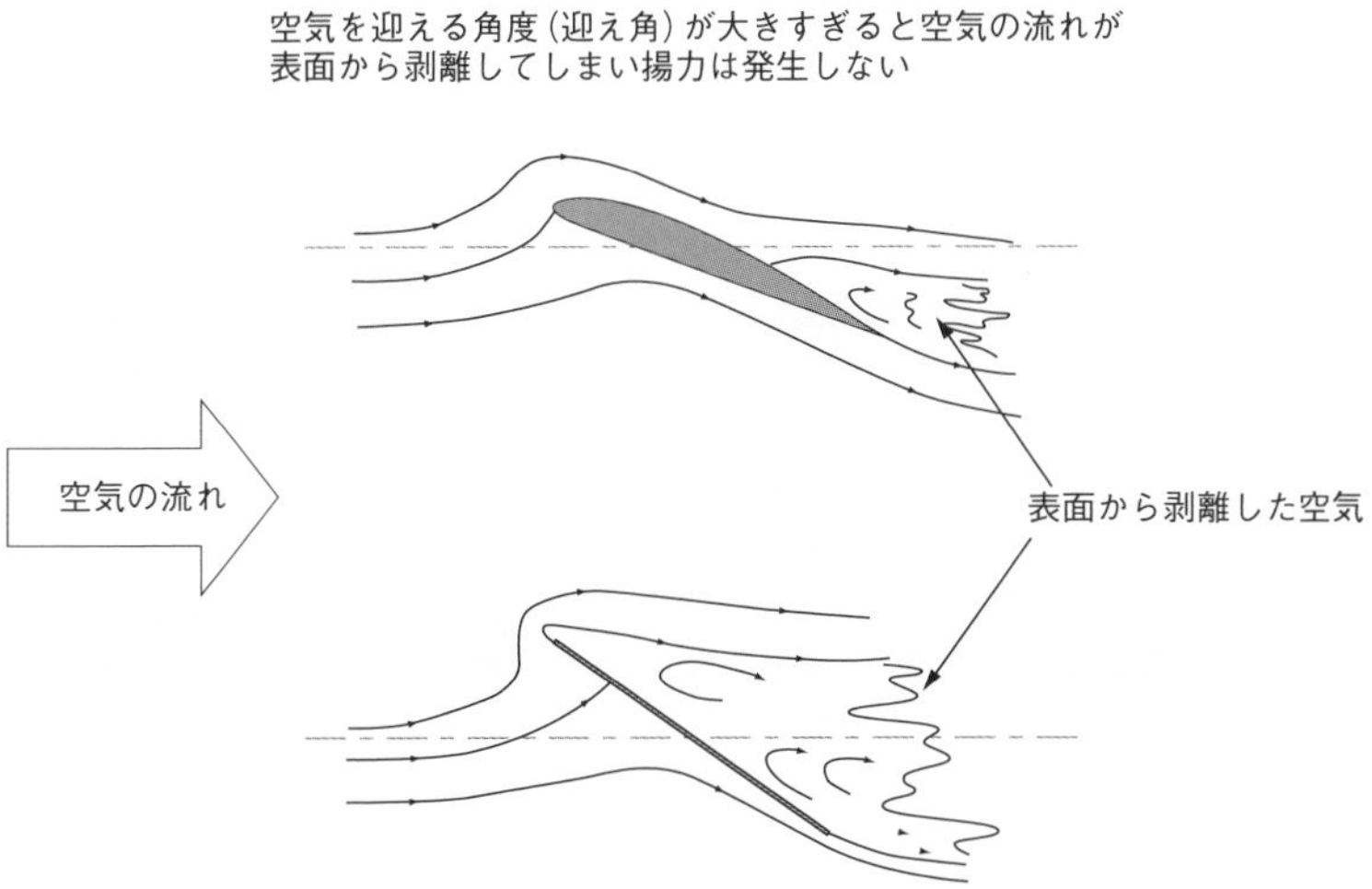

空気を迎える角度（迎え角）が大きすぎると空気の流れが表面から剥離してしまい揚力は発生しない

揚力を計算式であらわしてみる

揚力＝揚力係数×動圧×翼面積

ここでは、別の見方をして、翼が空気の流れを翼の後方下向きに曲げ、その反作用の力が揚力であると考えて、話を進めてみましょう。その反作用の大きさは、ニュートンの第2法則の、

力＝質量×加速度

によって、

揚力＝空気の質量×曲げる加速度

となりますが、

加速度＝速度÷時間

なので、

揚力＝空気の質量×速度÷時間

となります。また、時間は空気が翼の長さを通過する時間なので、

時間＝翼の長さ÷速度

となります。そして、

空気の質量＝空気密度×翼の体積

であり、

翼の体積＝翼の長さ×翼面積

でもあるので、つまり揚力は、

空気密度×（速度）^{2}×翼面積

に比例することがわかります。揚力係数を比例係数とすると、

揚力＝

揚力係数×空気密度×（速度）^{2}×翼面積

となります。

もっと単純に、揚力は翼が動圧をうまく受け流したことによる空気からの反作用だと考えれば、翼全体に作用する力は、動圧×翼面積なので、

揚力＝揚力係数×動圧×翼面積

と表現することもできます。

以上のことをまとめると、左図にあるような式になります。

揚力の計算式

揚力は動圧の変化を翼面積で受けることから
揚力は（動圧 × 翼面積）に比例することになります。
揚力係数を比例係数とすると次のような式になります。

（揚力）＝（揚力係数）×（動圧）×（翼面積）

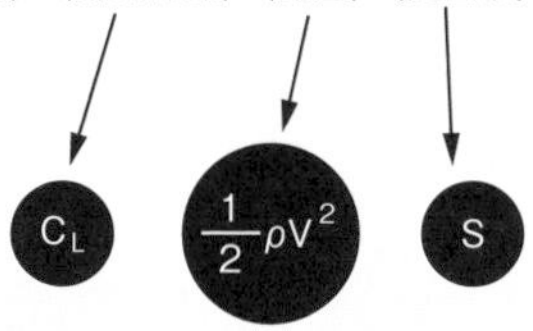

翼の断面を流れる空気と揚力の大きさ

左右対称の翼は迎え角ゼロだと左右の動圧の変化が同じなので揚力は発生しない（例：垂直尾翼は迎え角ゼロで揚力が発生しない方が好都合）

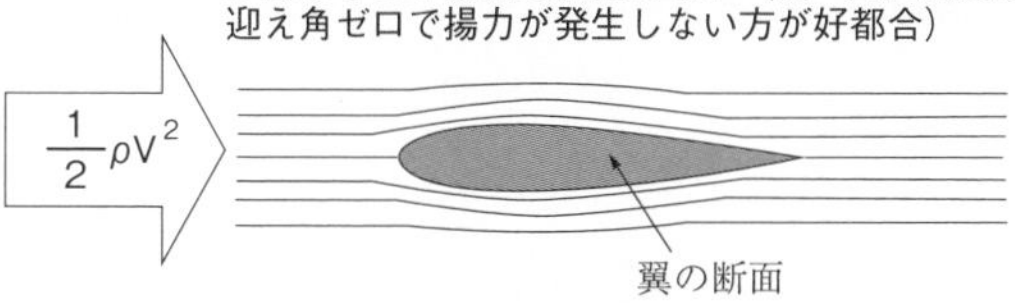

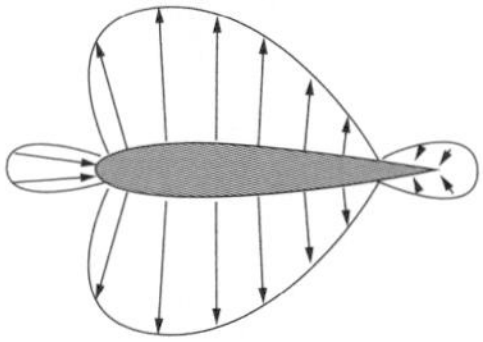

迎え角を小さくすると後方に曲げられる度合が小さくなる、式で考えれば揚力係数が小さくなるため揚力は小さくなる

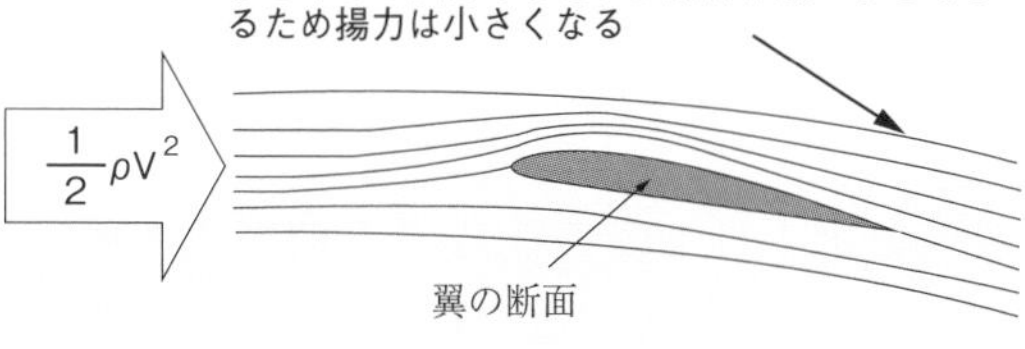

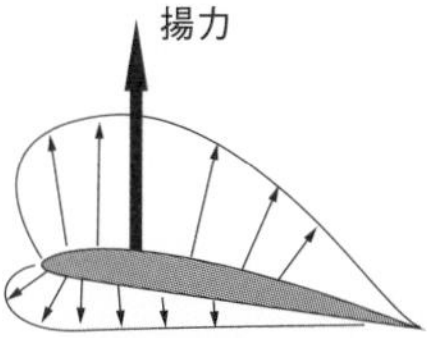

迎え角を大きくすると後方に曲げられる度合が大きくなる、式で考えれば揚力係数が大きくなるため揚力は大きくなる

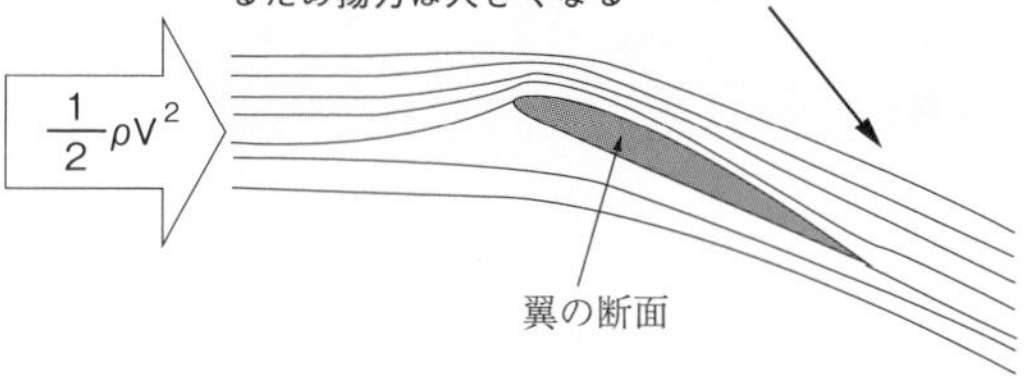

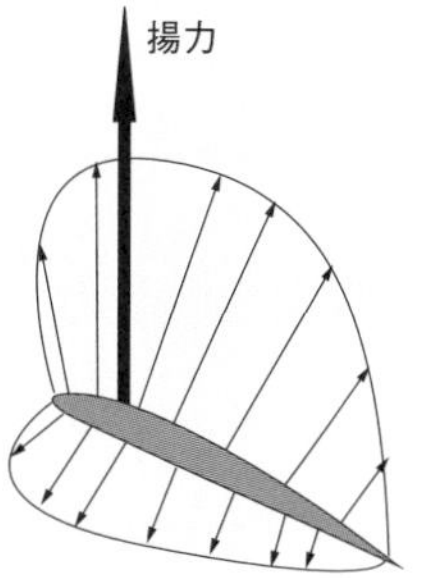

飛行機が、空気から受ける力「動圧」

進行方向に直角に作用する空気の力は、揚力。逆向きは抗力

ピサの斜塔でガリレオが実験したように、ある高さからものを落とした場合、空気の抵抗がなければ、**重さに関係なく落下する速度は同じ**であることは、ご存知の通りです。

その落下速度は、左図のように毎秒9・8メートル速くなっていきます。これが重力による加速度です。空気の抵抗がなければ、加速度的に落下していくことになります（自由落下）。

たとえばスカイダイビングでは、ダイブしてから最初の数秒間は、重力の加速度により加速します。が、数秒後には一定の速度（伏せる格好で約時速200㎞！）で降下していきます。**空気の抵抗である抗力と重力が釣り合ったから**です。

パラシュートを開くと、抗力がより大きくなるため、着地しても足が折れない程度に減速され、抗力のほどよい大きさを維持しながらゆっくりと降下して着地します。

このように、空気中を高速で移動すると、空気から力を受けることがわかりますが、飛行機が空を飛ぶ場合には、空気から受ける力は、

・**進行方向に直角に作用する空気の力を揚力**
・**進行方向とは逆向きに作用する空気の力を抗力**

と区別しています。つまり、揚力も抗力も飛行機に作用する空気による力であって、作用する方向により呼び名が違うだけです。

空気から受ける力とは、これまで述べたように**動圧**です。抗力も揚力も同じように動圧に比例するので、計算式としてはほぼ同じ結果になります。違う点は、揚力係数の代わりに抗力係数が入ることぐらいです。

空気抵抗がない場合の自由落下

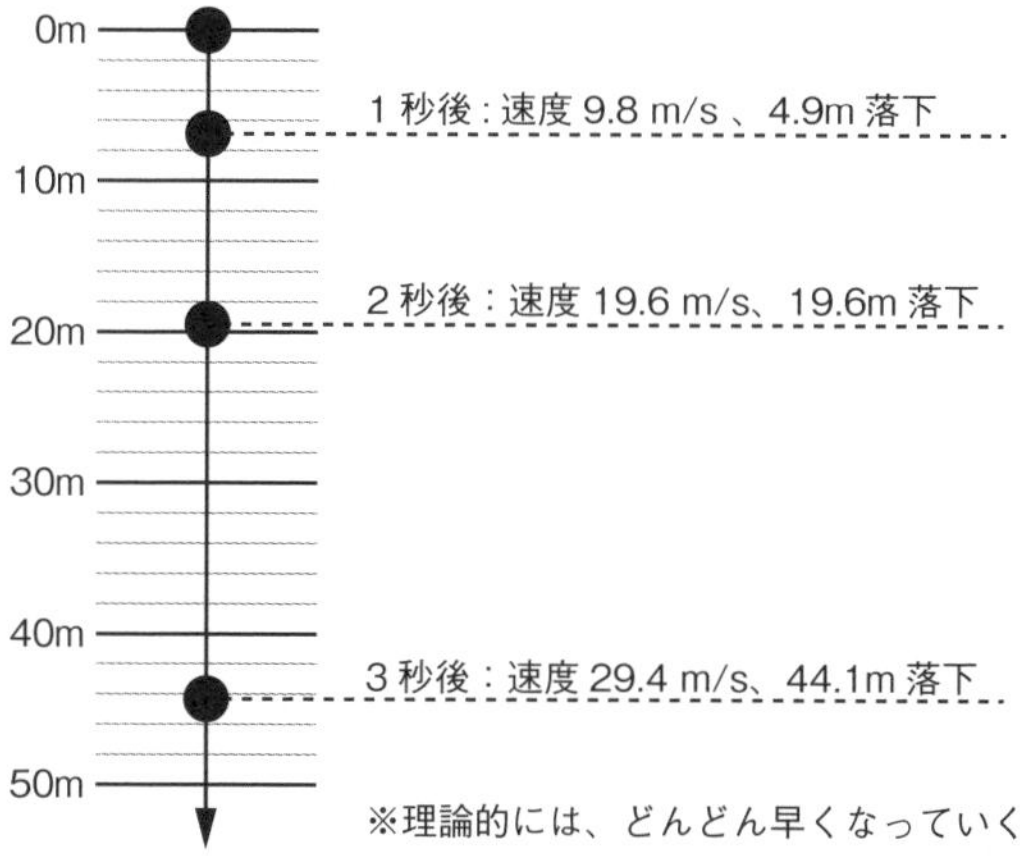

※理論的には、どんどん早くなっていく

空気抵抗がある場合の降下

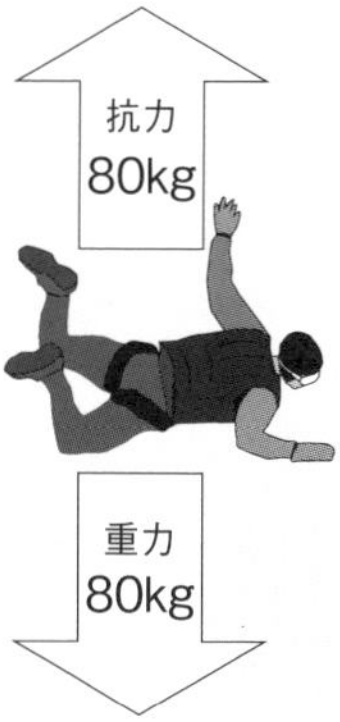

《スカイダイビング》

飛び降りて数秒後には空気の抵抗である抗力と重力が釣り合い、一定の速度で降下していきます。
80kg の体重（装備込み）の場合で時速 200km/h!

抗力の式

(抗力)=(抗力係数)×(動圧)×(翼面積)

C_D　$\frac{1}{2}\rho V^2$　S

揚力：
飛行機が受ける空気の力の中で進行方向と直角に作用する力

抗力：
飛行機が受ける空気の力の中で進行方向とは逆に作用する力

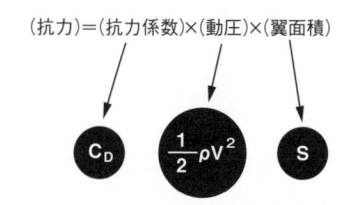

「前に進む力」はどのようにつくられるか

航空機とヘリコプター、鳥の違いとは

鳥は翼を巧みに動かして、空気を切ることによって付け根から中程あたりの翼で揚力を、翼の先端部分で推力をつくっています。

鳥は翼一つで、揚力と推力の両方をつくり出して自由に空を飛んでいるのです。

同じようにヘリコプターも、翼だけで揚力と推力をつくっています。その原理は竹とんぼと同じで、翼を羽ばたく代わりに回転させることで、揚力と推力をつくっています。翼を回転させながら空を飛ぶため、ヘリコプターのことを**回転翼航空機**とも呼んでいます。

回転ではなく、**固定翼航空機**と呼ばれている飛行機は、その名の通り翼が固定されているため、羽ばたくことはできません。翼で空気を切るためには、羽ばたく代わりに前に進まなければなりません。一番簡単な前に進む方法は、高いところから飛び降りることです。地面に到着する前に十分な揚力を得ることができれば成功です。

ライト兄弟が自動車のエンジンを利用して、プロペラを回して飛んだのが、平地から飛び立つことができた最初の飛行でした（1903年）。その30年後にはジェット・エンジンの歴史が始まり、今では旅客機の主流となっています。

ジェット・エンジンの原理は、簡単にいえば、膨《ふく》らんだ風船が飛ぶ原理と同じです（25ページ参照）。ただ風船は空気を使い切ったら飛ぶことはできませんが、ジェット・エンジンは大量の空気を吸い込んで後方に加速して噴出するので、周りに空気がある限り飛ぶことができます。このように**空気を噴射することを英語でジェット**ということからジェット・エンジンと呼ばれています（※ジェット・エンジンについては詳しく次の章で解説します）。

前に進む力

《鳥》

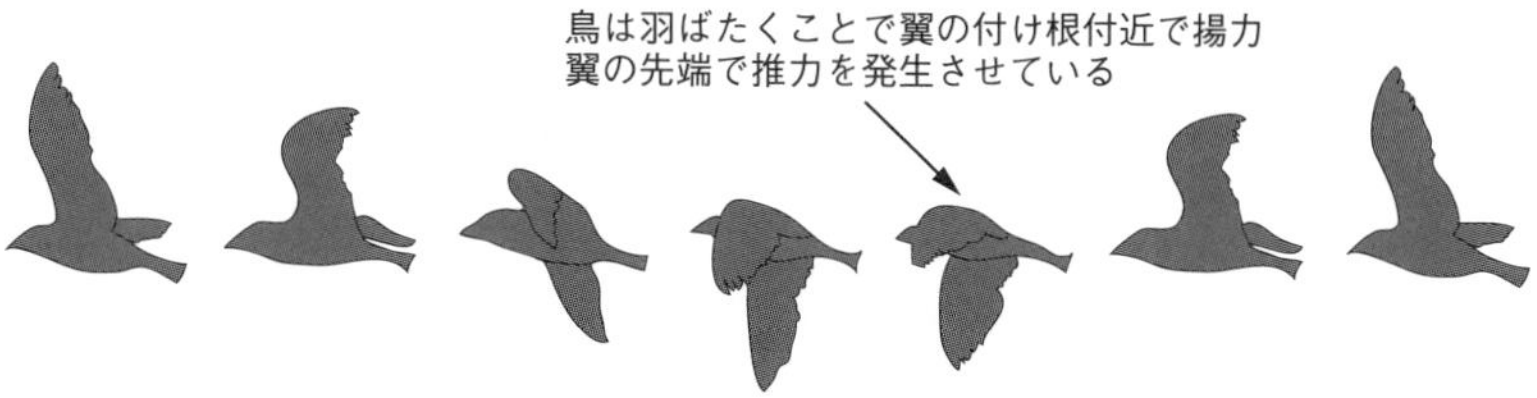

《竹とんぼ》
ヘリコプターも同じ原理

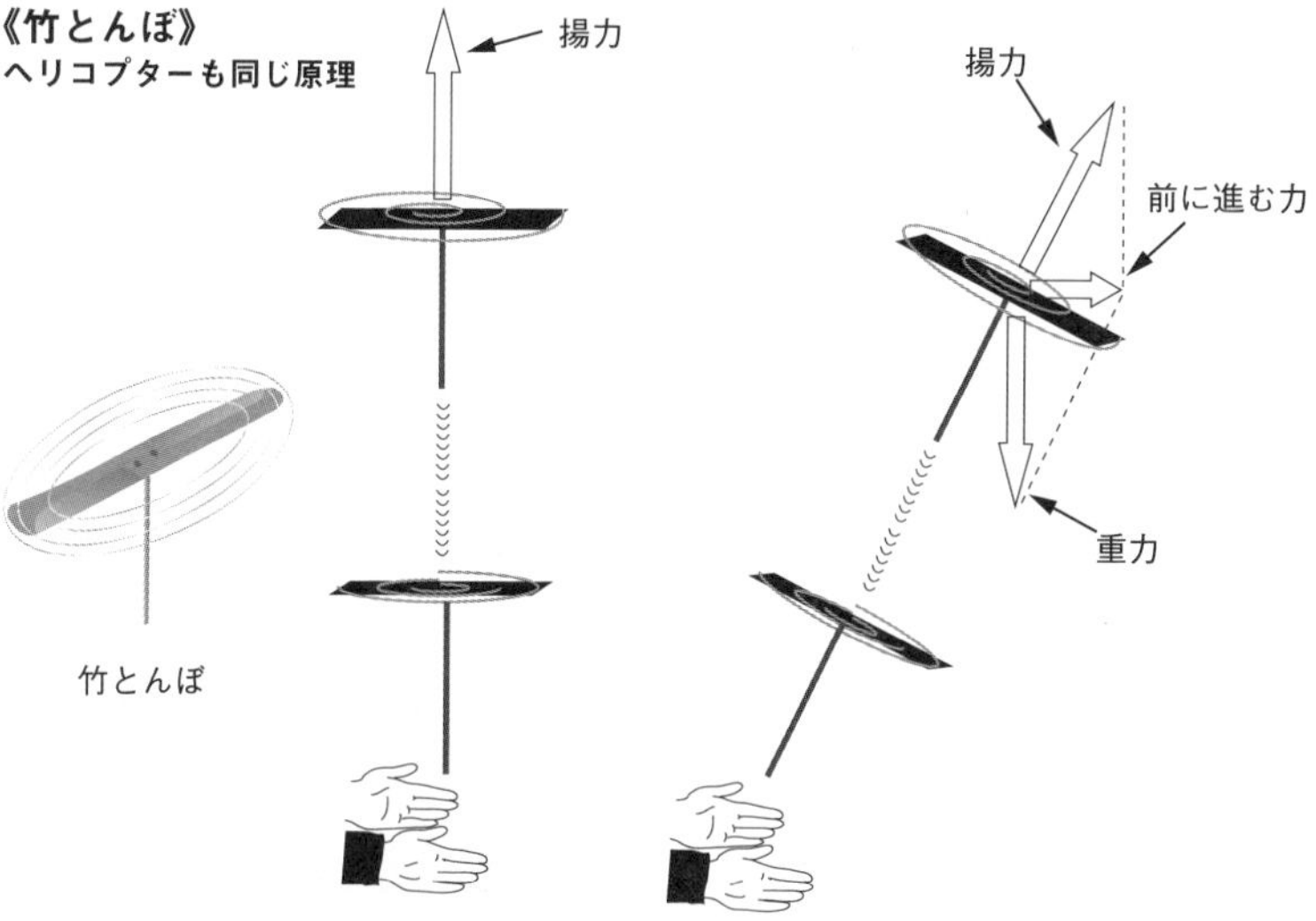

ライト兄弟は動力飛行の前
に滑空飛行を行なっていた

1903 年に人類初の動力飛行を
成功させたライトフライヤー

花火大会

ネコと飛行機の揺れ

世の中の怖いもの順に「地震、雷、火事、親父」がありますが、空を飛んでいる飛行機にとって地震はあまり関係ありません。一番恐ろしいのは「機内の火災」、その次に恐ろしいものは雷です。一般的には雷雲や入道雲という呼び名のほうが多いようですが、航空界では積雷雲を意味するCb（シービー）の話題になると誰もが立ち止まって聞き耳を立てます。とくに梅雨明けや初夏の夕方に、「花火大会がある」と言ったらこの雷を意味します。「ピカッ」光る雲の美しさは自然が描く一幅の絵のようですが、遠く見るだけでだれも近づきません。花火といえば、本物の花火を上空から見ると色とりどりに光る小さな球に見え、夏のお盆の時期には、あちこちで本物の「花火大会」を見ることができます。

ところで、雷雲などない晴天にもかかわらず揺れることをキャット（Clear Air Turbulenceの略でCAT）と呼んでいます。神出鬼没のネコのように突然揺れ出すのでぴったりの名前です。とくにホノルルや米国西海岸方面は、ジェットストリームによる追い風を求めて飛行ルートを選ぶため、このCATに遭遇することが多いようです。そのために、この路線ではパイロットによるポジションレポート（通過地点を管制機関に通報すること）のときに、他機にも情報が流れるように揺れの情報もあわせて通報しています。

CHAPTER 2

第2章

なぜ
ジェット・エンジンは
大きな力を
出せるのか

風船を飛ばす空気の力の大きさ

ジェット・エンジンの原理を探る

自動車はエンジンがタイヤを回転させて走りますが、タイヤが回転するとなぜ走れるのでしょうか？

それは道路とタイヤの間に**摩擦力**《まさつりょく》があるからです。タイヤが回転すると、タイヤが道路を後ろに蹴ることによって、道路からの**反作用の力**で前に進むことができます。

同じように風船も反作用で飛んでいます。風船の口から空気を噴出した反作用の力で、口とは反対側に飛びます。反作用の大きさは、風船の口から噴出する空気の量や速度によって違います。単位時間あたりの空気の量が多いほど、または空気の出る速度が速いほど、より速く、遠くまで飛ぶことができるのです。このことから、

風船を飛ばす力の大きさ＝
単位時間あたりの空気の質量×噴出速度

と表すことができます。

膨らました風船の口から、勢いよく空気が噴出するのは、風船内部の圧力が外よりも高いから。ということは、**圧縮空気には仕事をする能力、つまりエネルギーがあることになります**。ただし、風船は内部の空気を使い切ったら、飛ぶことはできません。

そこで、**回りの空気を吸い込んで圧縮し、噴出すれば連続して力を出すことができます**。その大まかな仕組みは左図です。

連続して圧縮するには、熱エネルギーを利用してタービンを回します。タービンは、圧縮機を回し、空気取り入れ口から空気を吸い込んで圧縮します。圧縮した空気に熱エネルギーを加えて、タービンを回し、まだ残っている圧縮空気を排気ダクトから後方に噴出する、という仕組みです。

圧縮空気には仕事をする能力がある

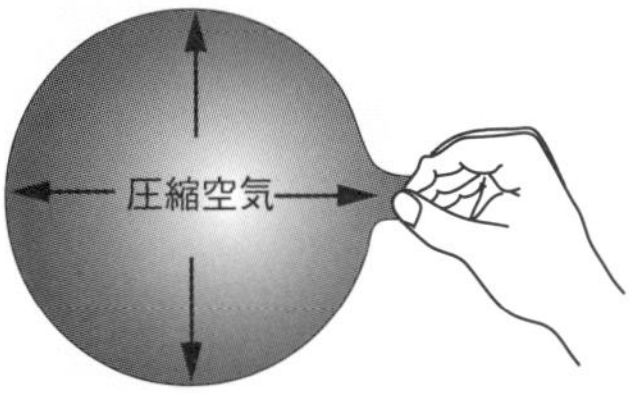

圧縮した空気には仕事をする能力（エネルギー）がある

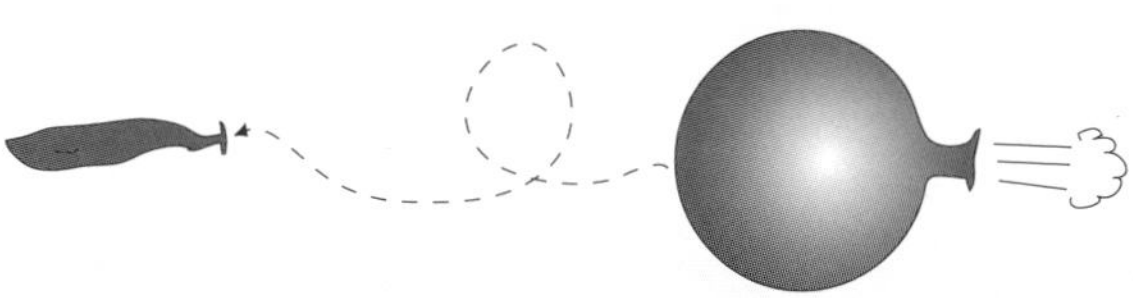

（風船を飛ばす力）＝（単位時間あたりの空気の質量）×（噴出速度）

ジェット・エンジンの大まかなしくみ

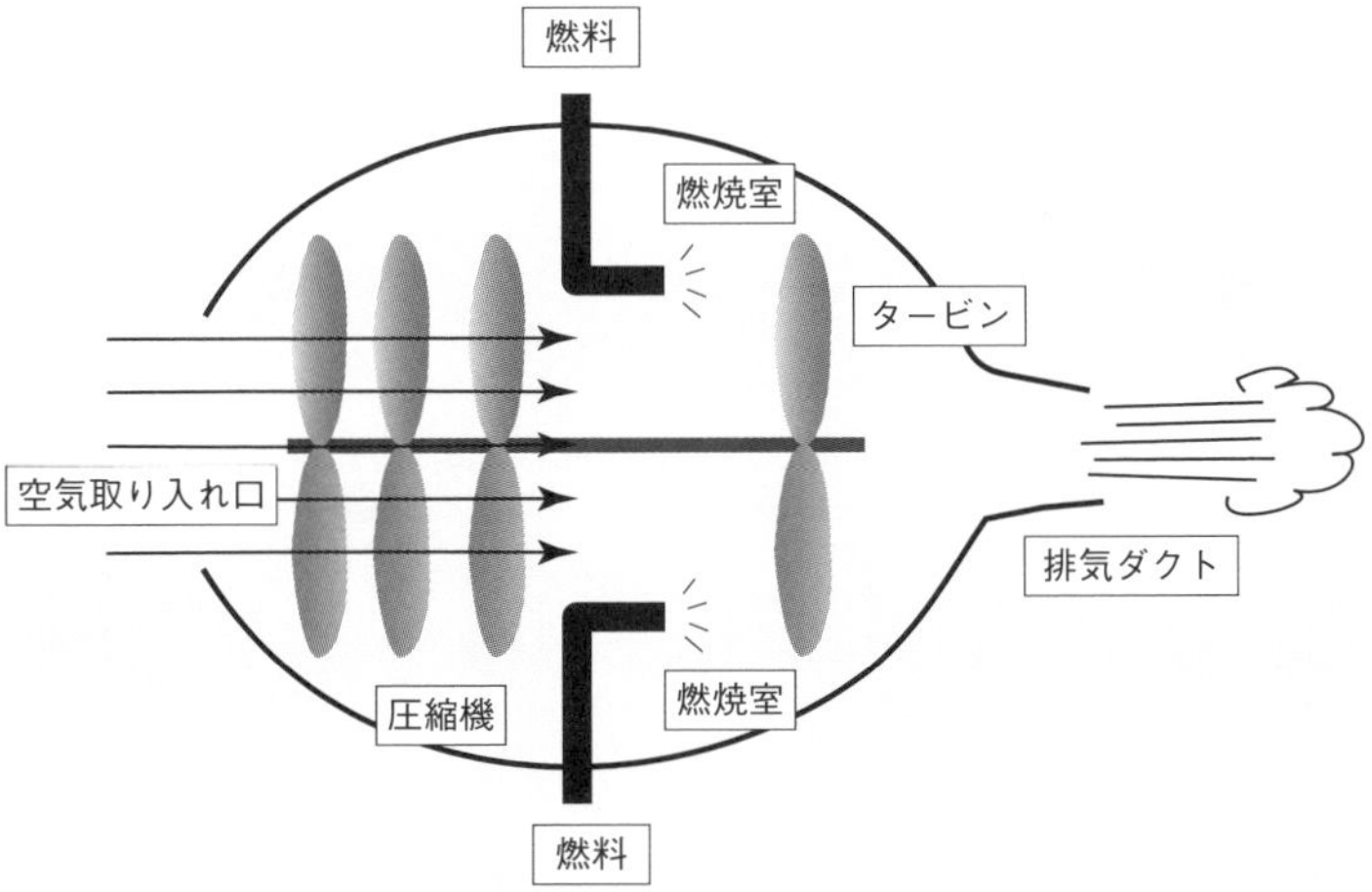

推力を大きくする2つの方法

より多く吸い込むか、より速く噴出するか

「空の貴婦人」と呼ばれたDC－8、「夢のジェット機」と謳《うた》われたボーイング727、「ミニジャンボ」の相性で親しまれた初期のボーイング737などの飛行機は、「バリバリバリ」と大きな音とともに離陸していました。

しかし、現在の飛行機はどちらかというと「ブーン」とプロペラ機に近い音を出して離陸しています。この違いは何でしょうか？　まずジェット・エンジンと風船との違いを考えてみましょう。

風船は、ためた空気を噴出することにより力を得るので、風船の飛ぶ速度には関係ありません。一方、ジェット・エンジンは周りから空気を調達するため、吸い込む空気の速度が大きく影響します。つまり、**吸い込んだ速度以上の速度で噴出しなければ仕事になりません**。

もちろん離陸の時には、ゼロからの出発なので問題ありません。しかし上空を時速800㎞で飛んでいる時は、それ以上の速度で噴出する必要があります。

空気を飛行速度以上に加速させなければ、実質的な力を得ることができません。

例えば、水を吸い込み勢いよく後方に出して水中を移動する乗り物があったとします。川の上流に向かって進む場合には、流れてくる水の速度以上の水を後方に出さなければ前に進みません。力を出すには水に加速度をつける、言い換えれば水に運動させなければならないのです。ジェット・エンジンも同じ理論です。

このことから推力の式は左図のようになります。**推力を大きくするには、単位時間に吸い込む空気の量を増やす、または噴出速度を大きくする、二通りある**ことがわかります。

風船は飛ぶ速度に関係ない

（風船を飛ばす力）＝（単位時間あたりの空気の質量）×（噴出速度）

風船を飛ばす力は周りの空気に関係なく噴出速度だけで決まります。

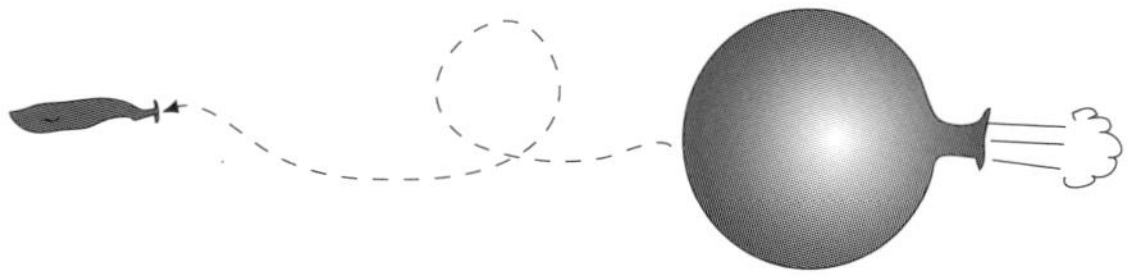

ジェット・エンジンは飛行速度に影響を受ける

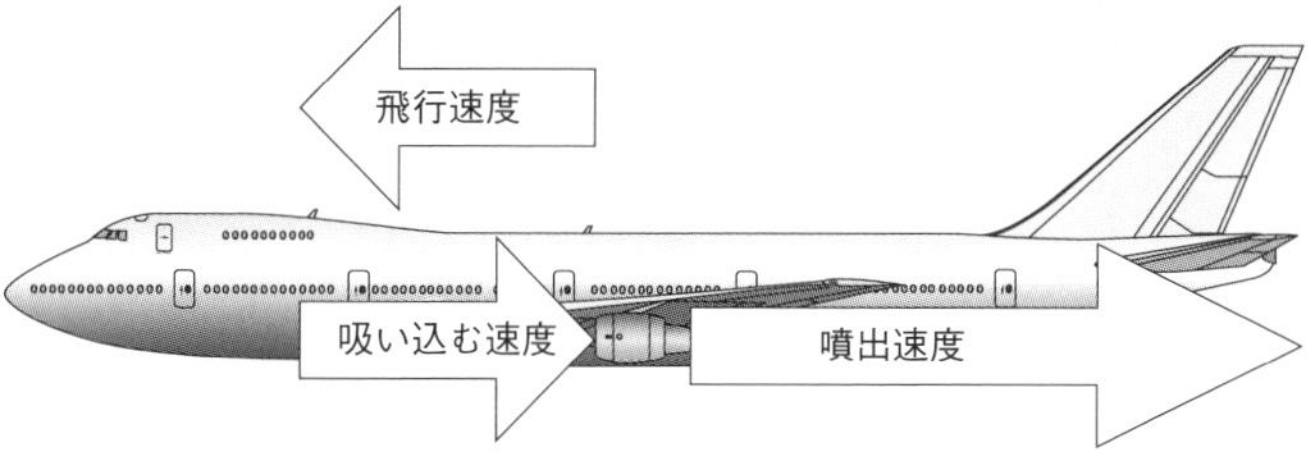

ジェット・エンジンの吸い込む空気の速度は飛行速度と同じなので吸い込んだ空気の速度以上の速度で噴出しないと空気に運動させたことにならないので有効となる推力とはなりません。
したがって、有効となる推力の式は以下のようになります。

（推力）＝（単位時間あたりの空気の質量）×（噴出速度－飛行速度）

このように飛行速度を考慮した推力を正味推力（ネット・スラスト）といい、飛行速度を考慮しない推力、風船を飛ばす力の式と同じとなる推力のことを総推力（グロス・スラスト）といいます。

ターボファン・エンジンが主流になったわけ

より多くの人を乗せより遠くへ

飛行機は、**①より多くの人を乗せ、②より静かに、③より高く、④より速く、⑤より遠くへ飛ぶ**ために、大きな音ではなく、大きな推力かつ燃費のよいジェット・エンジンを必要とします。

⑤のより速く飛ぶ、ことを実現するには、より噴出速度を速くしなければなりません。かつては、東京から大阪まで27分間で飛行した、とジェット旅客機の速さを強調した時代もありました。

しかし、この方法だと燃料をたくさん使い、大きな音を出すわりには、効率がよくありません。より遠くへ飛ぶ条件には相反するからです。

そこで推力を増大のするために、吸い込む空気を多くするようエンジンの前面に**ファン**と呼ばれる大きな羽根を取り付けた**ターボファン・エンジン**と呼ばれるエンジンが開発されました。

ターボファン・エンジンの出現によって、大西洋や太平洋の無着陸横断も可能になりました。その結果、給油のために着陸する必要がなくなり、目的地までの所用時間も大幅に短縮、より速く飛ぶという条件も可能になったのです。

また、噴出速度が小さいことや、ファンから出た空気が消音の役目をするため、大幅に騒音も軽減されるようになりました。

エンジンの出力の何%が推進のためのエネルギーになったのか、それを示すものに**推進《すいしん》効率《こうりつ》**があります。

左図にある推進効率の式から、**エンジンの噴出速度を飛行速度に近づけるほど、効率がよくなる**ことがわかります。このことからも、大量の空気を飛行速度に近い速度でファンから噴出するターボファン・エンジンは、推進効率がい良いことがわかります。

推進効率とは

$$推進効率 = \frac{推し進めた仕事}{エンジン出力エネルギー}$$

Va：飛行速度　Vj：噴射速度　m：空気質量

推力 ＝ m (Vj － Va) そして 仕事＝(力)×(距離) から

推し進めた仕事 ＝ m (Vj － Va) Va

$$エンジン出力エネルギー = \frac{1}{2} m Vj^2 - \frac{1}{2} m Va^2$$

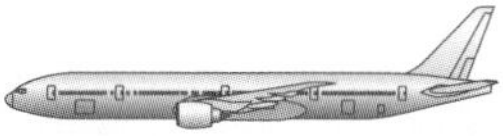

$$= \frac{1}{2} m (Vj^2 - Va^2)$$

から推進効率 η は以下のようになります。

$$\eta = \frac{m (Vj - Va) Va}{\frac{1}{2} m (Vj^2 - Va^2)}$$

$$= \frac{(Vj - Va) Va}{\frac{1}{2} (Vj - Va) (Vj + Va)}$$

$$\therefore \quad \eta = \frac{2}{1 + \frac{Vj}{Va}}$$

$$推進効率 = \frac{2}{1 + (噴射速度 / 飛行速度)}$$

この式から噴射速度を飛行速度に近づけるほど
推進効率が良くなることがわかります。

ターボファン・エンジンをのぞいてみると

空気取り入れ口から見えるファン

ここでは、ターボファン・エンジンの仕組みについて調べてみましょう。

まずはエンジンの入り口。エンジンを前から見ると、ビア樽《たる》のような格好をした**ノーズ・カウル**と呼ばれる空気取り入れ口があります。

ノーズ・カウルをよく見ると、狭い入り口に比べて、中は少し広くなっているのがわかります。その理由は、**空気が狭いところから広いところへ流れる場合、速度が小さくなるという性質がある**ためです。前述した、ホースで水をまく時の逆で、動圧を静圧に代えることができるからです。入り口から早くも圧縮が始まっているといえます。

またノーズ・カウルには、飛行機の速度や姿勢が大きく変化しても、効率よくエンジンに空気が流れ込むようにする役割もあり、何気ない形をしていても多くの技術が隠されています。

ところで、ノーズ・カウルの回りに氷が付着して、その氷が剥《は》がれてエンジンの中に入ってしまうと、高速で回転しているファンに重大なダメージを与えることがあります（これをFOD＝フォーリン・オブジェクト・ダメージといいます）。

そのため雲の中を飛行する時は、カウルの回りを熱い空気や電気で暖め、着氷しないようにする装置があります。**ターボファンの唯一の短所は、このように氷や鳥など吸い込んでしまう、大きな空気取り入れ口**です。

ノーズ・カウルの奥にはファンが見えますが、図のCF6エンジンですと、その大きさは人が立っても余裕の直径約2・4mメートルです。そして時代とともにファンの材質や強度が向上し、ファンはより大きくなる傾向にあり、GE90エンジンでは3・5メートルもあります。

空気取り入れ口の役割

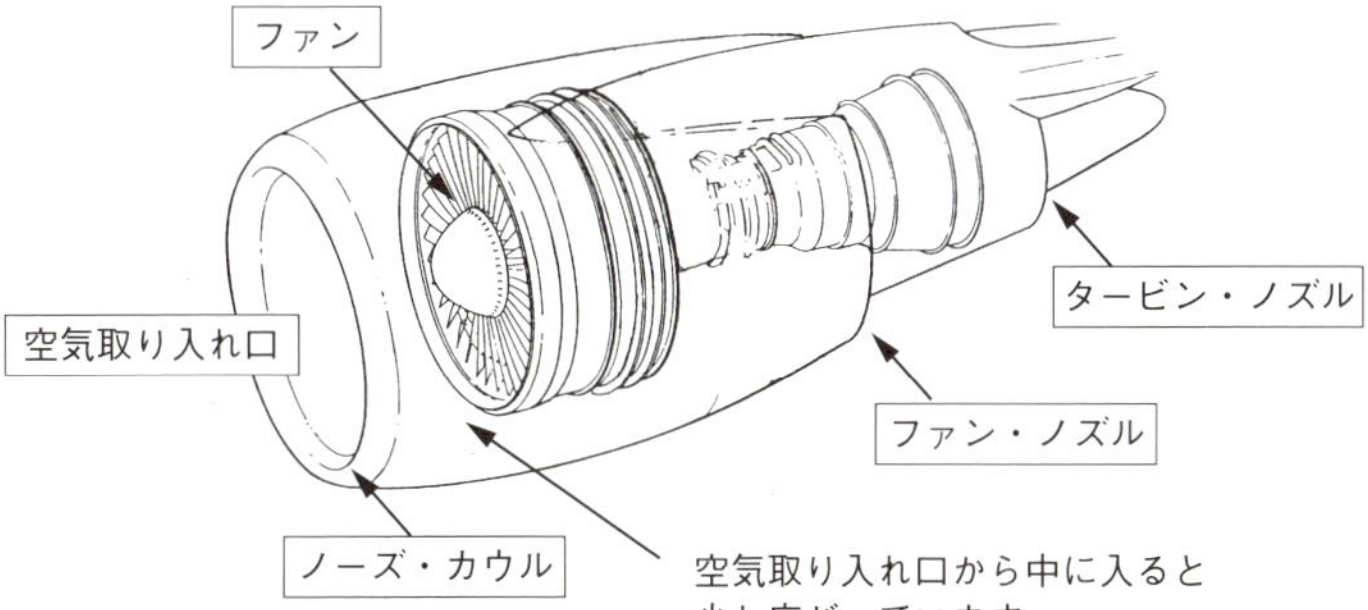
少し広がっています。

狭いところから広いところに入ると流速は遅く、気圧は高くなります。
ノーズ・カウル内で圧縮が始まっているといえます。

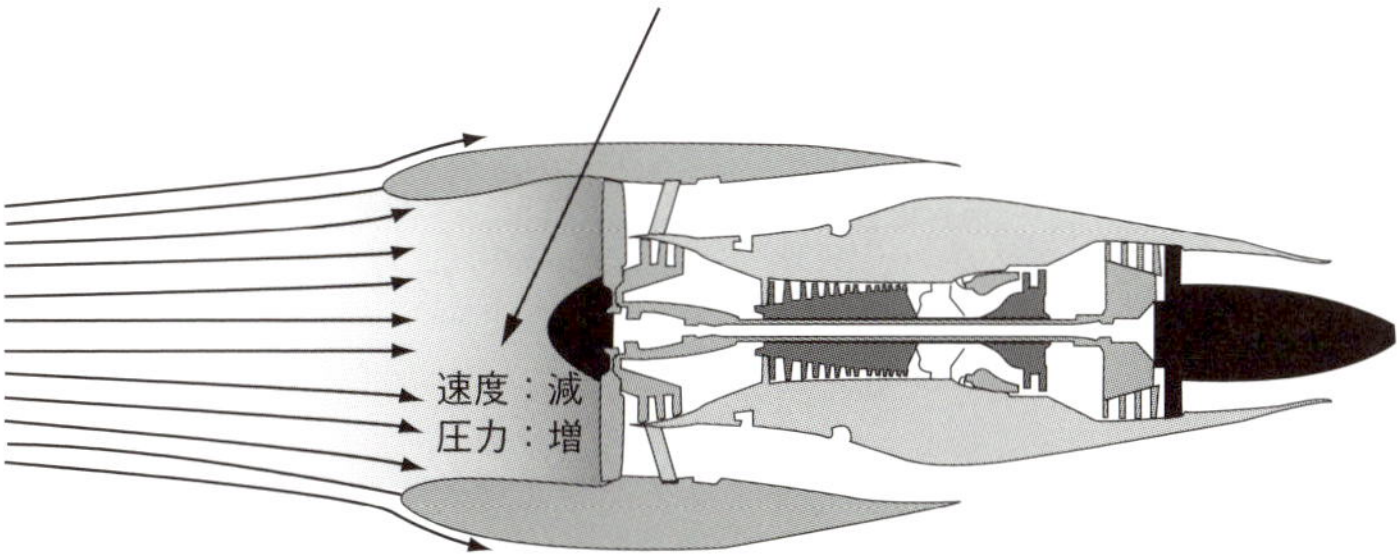

飛行速度はゼロからマッハ 0.8 以上まで大きく変化します。
ノーズ・カウルの隠れた働きでエンジン内部への空気流速
度をマッハ 0.5 程度に維持することができます。

ファンの大きな役割

ただの空気を噴出して大きな力を発揮

ノーズ・カウルから流入した空気は、すべてエンジン内部に入るわけではありません。例えばCF6エンジンでは、約16%がエンジン内部に入り、約83%以上は燃焼されずに、ファンが空気をそのまま後方に噴出します。

このようにエンジンが吸い込む全体の空気のうち、ファンが噴出した空気がエンジン内部に入らずにバイパス（通過）する割合を**バイパス比**と呼び、ターボファン・エンジンの性能を比較するものさしの一つになっています。CF6エンジンの場合には、83÷16≒5から、バイパス比は5となっています。

ファンで加速された大量の空気を比較的遅い速度で噴出して、実に全推力の75%はこのファンによるものです。**吸い込んだ空気の16%で大きなファンを回しているため、ターボファン・エンジンは効率がよいエンジンといえるでしょう**。

なお、ファンが大きくなるにしたがって、ファンの回転速度は遅くなる傾向にあります。

例えば、初期のターボファン・エンジンであるJT8Dエンジンのファンの直径は約1メートル、バイパス比1・1で、最大回転速度は毎分8600回転と高速です。そして直径は約2・4メートルのCF6エンジンでは、毎分3600回転。さらに直径3・25mメートルと大きいGE90−115Bエンジンは、最大でも毎分2355回転と非常に遅くなっています。

ファンの回転速度が遅くなったとしても、推力の大きさとしてはJT8Dエンジンが約6・4トンであるのに対して、GE90−115Bエンジンは約52・3トンで、遅い速度で大量の空気を噴出していることがわかります。

ファンの大きな役割

$$バイパス比 = \frac{ファン排気ガス質量}{タービン排気ガス質量}$$

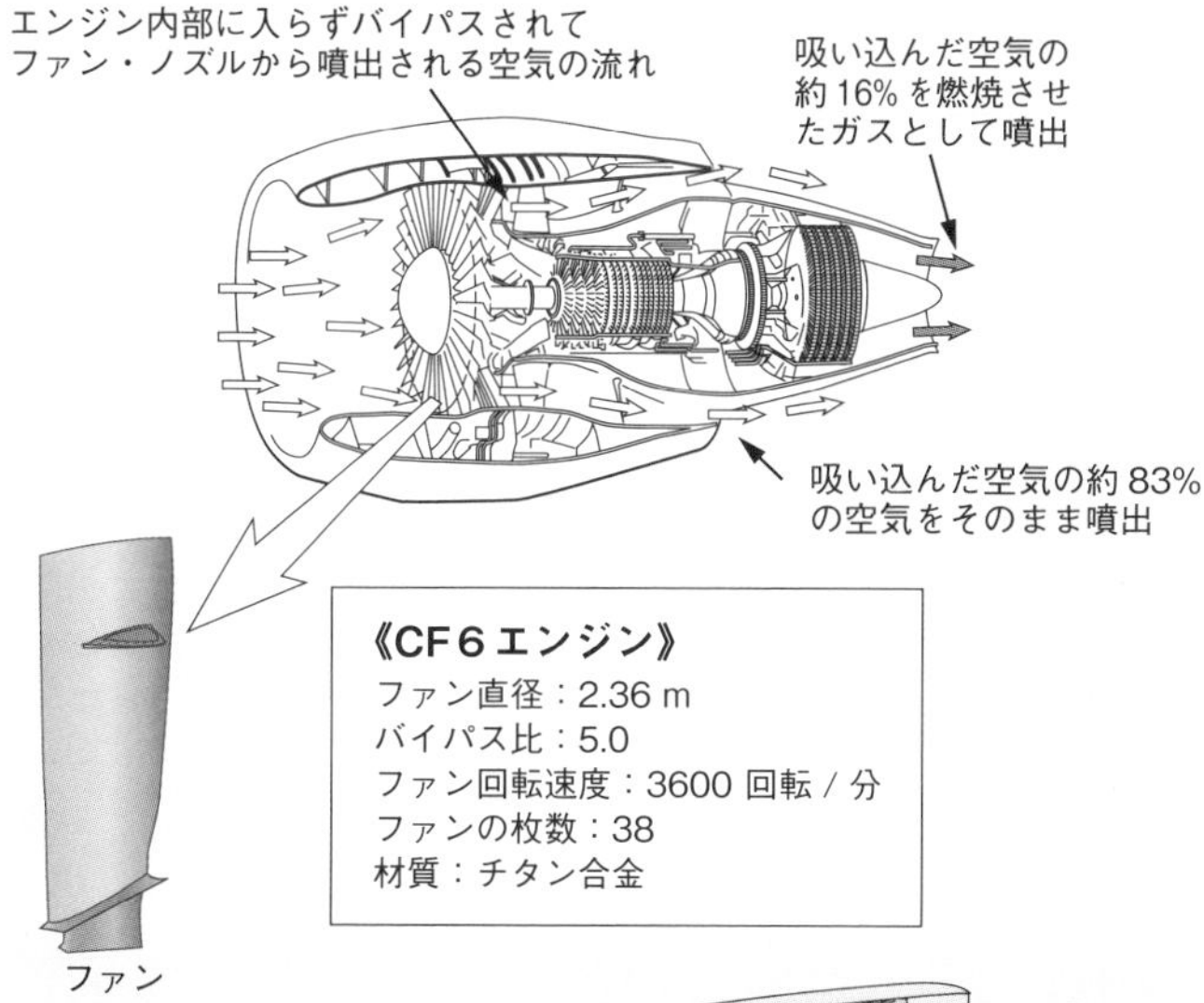

《CF6エンジン》
ファン直径：2.36 m
バイパス比：5.0
ファン回転速度：3600 回転 / 分
ファンの枚数：38
材質：チタン合金

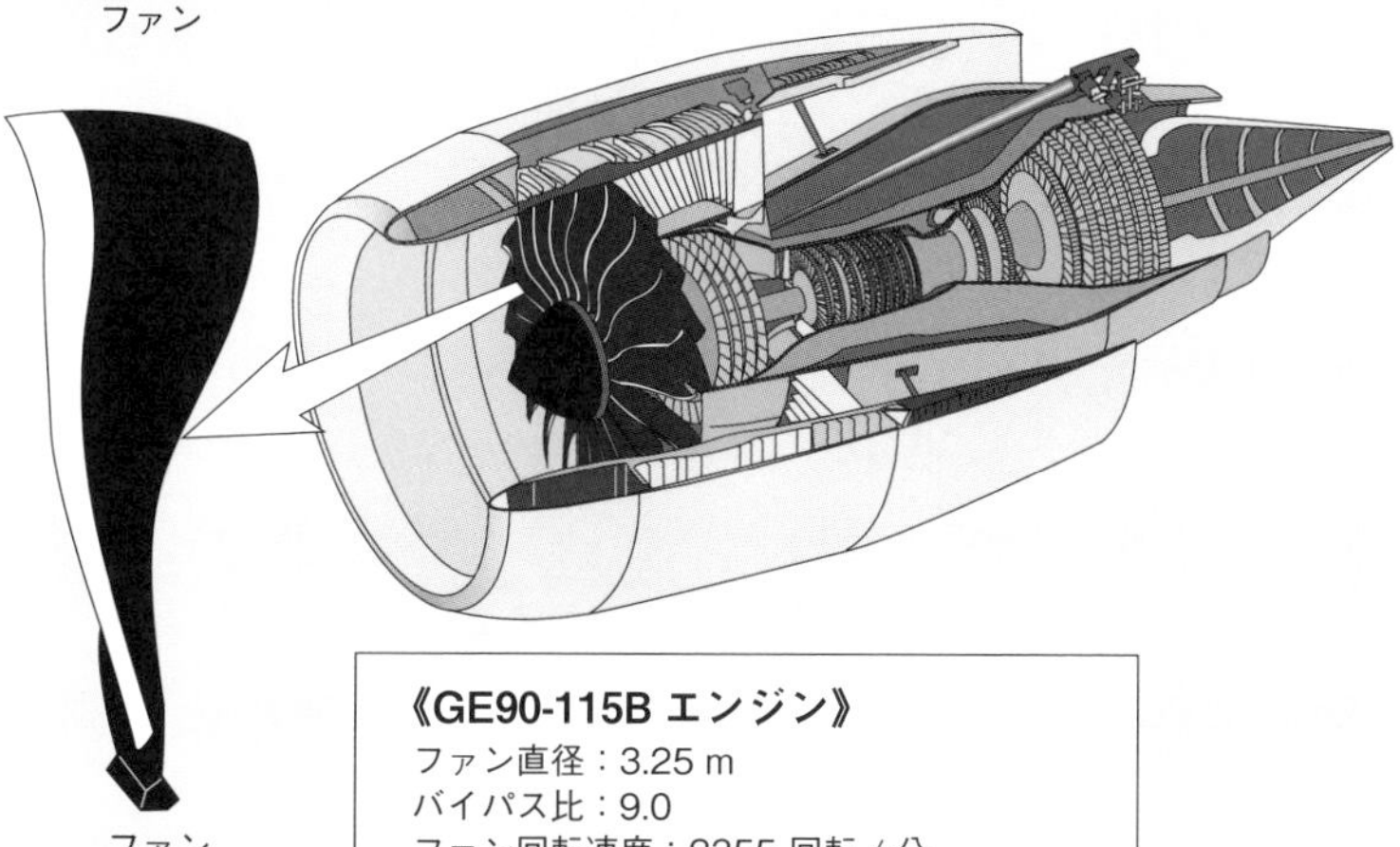

《GE90-115B エンジン》
ファン直径：3.25 m
バイパス比：9.0
ファン回転速度：2355 回転 / 分
ファンの数：22
材質：合成樹脂・合成繊維の高強度複合材
前縁はチタン合金でカバー

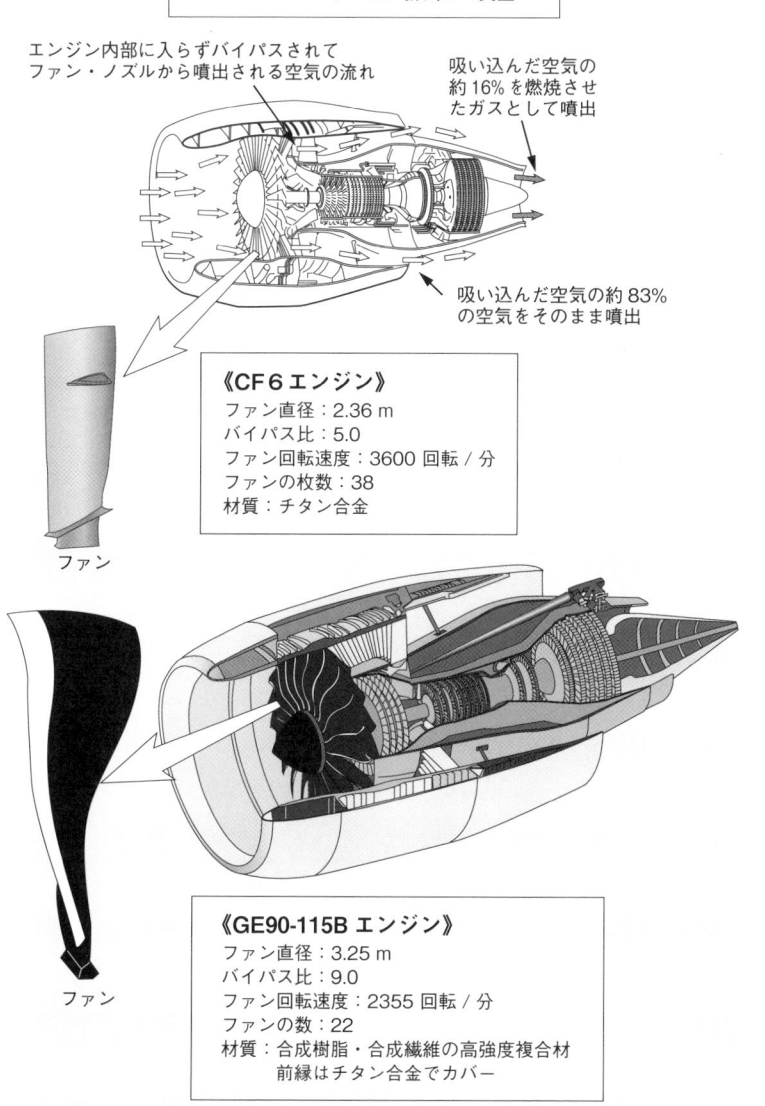

圧縮機から排気まで

徐々に狭くしながら圧縮し広げて燃焼後に絞る

空気は、エンジンの中に入ると、ファンと同軸の**低圧圧縮機**でまずは圧縮されます。

そして**高圧圧縮機**に向かいます。高圧圧縮機は文字通り高圧で圧縮するところで、奥に行くほど狭くなっていきます。なぜ狭いのかといえば、体積が圧縮されて小さくなった空気の速度を、一定に保つためです。

そして高圧圧縮機からを出る時は、約30から40倍以上に圧縮されています。

圧縮されて十分にエネルギーを持った空気は、燃焼に都合のよい速度と圧力に調整するため、**ディフューザー**と呼ばれる、広い通路を抜けて**燃焼室**に入ります。

燃焼室で燃料と混合したガスに点火させる装置は、自動車のガソリン・エンジンと同じ点火プラグですが、自動車とは違ってエンジン・スタートの時にだけ働き、その後は連続的に燃焼するので必要ありません。燃焼温度は１３００℃以上にもなります。

圧縮に加えて、熱エネルギーを蓄えたガスは、エネルギー効率を高めるため徐々に膨張させながらタービンを回す仕事にかかります。高圧タービンで高圧圧縮機を高速で回転させ、まだ十分あるエネルギーにより、低圧タービンで低圧圧縮機と同軸のファンを回転させます。

タービン、つまりファンと圧縮機を回転させた後も、なお余ったガスの圧力エネルギーは速度エネルギーに変換、言い換えれば加速して噴出するため排気ノズルは絞ってあるのです。

ジェット・エンジンを覆っているビア樽のようなエンジン・ケースの中身は、決して寸胴《ずんどう》ではなくスマートな形をしています。

エンジン各部の名称

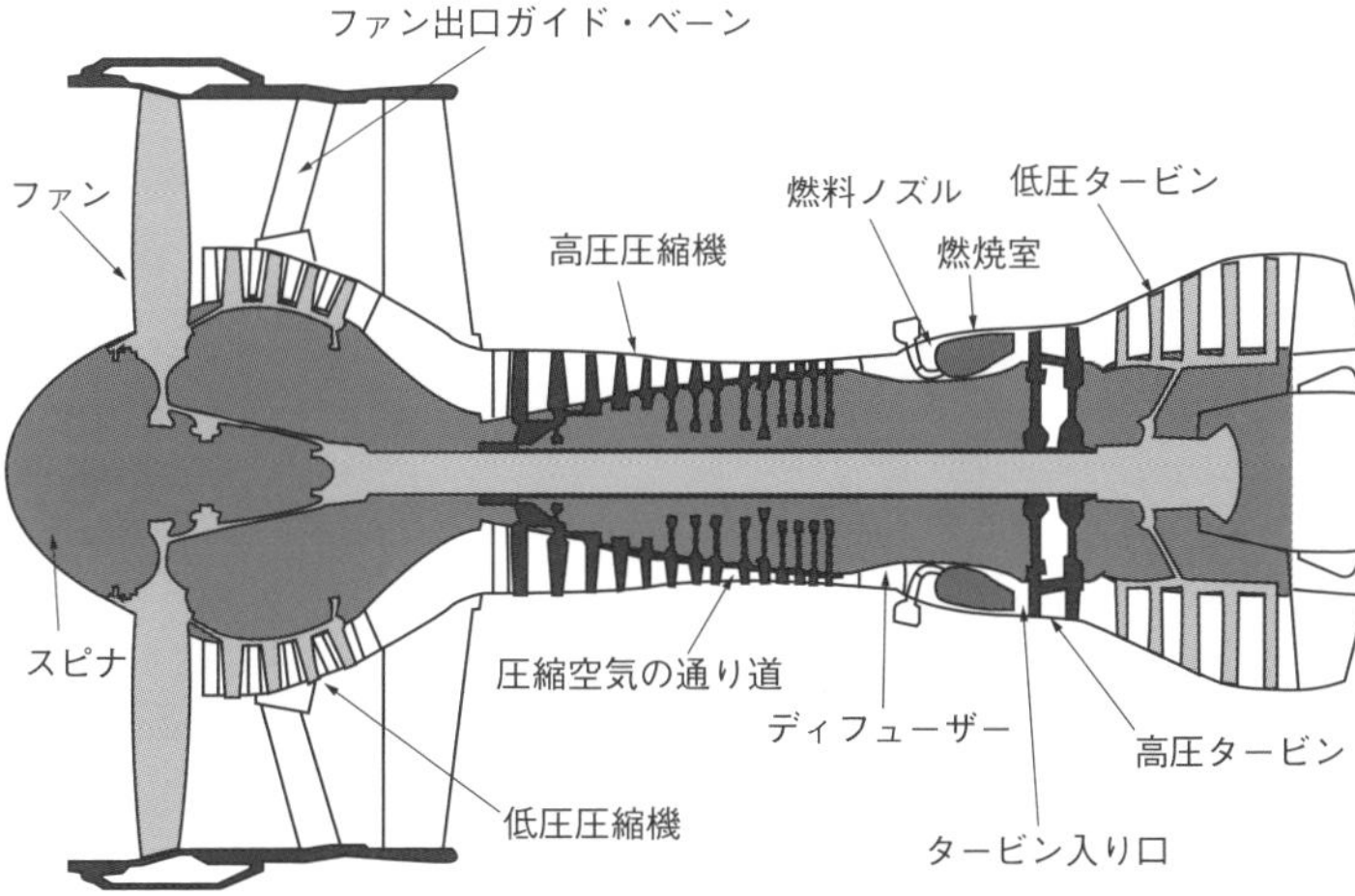

《CF6 エンジン》

ファンと低圧圧縮機、それを回す低圧タービン、そして高圧圧縮機とそれを回す高圧タービンは、それぞれ独立して駆動する２軸式になっています。
燃焼室の最高燃焼温度は 1300℃以上になりますが、火山灰が溶ける温度でもあるので、もしエンジンが火山灰を吸い込んだ場合には溶けた火山灰がタービンに付着してしまいエンジンに甚大な被害を与える可能性が高いため、噴火した周辺は飛行しないようにしています。

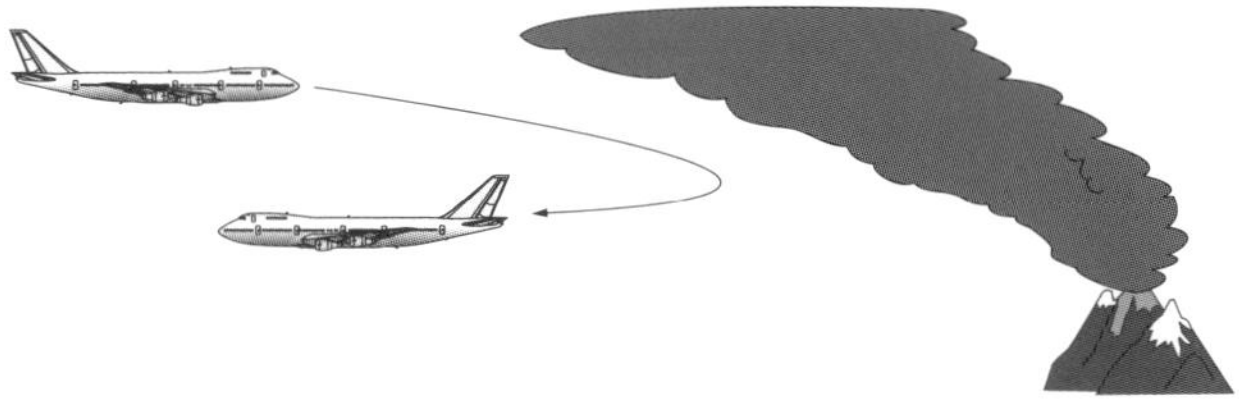

エンジン・スタートの準備

自立するには助けが必要

ジェット・エンジンの概略がわかったところで、次はエンジンを回す仕組みです。

自動車のエンジンの場合も、自分一人の力でいきなり燃料を入れ、ゼロからスタートすることはできません。独り立ちできるまで、スターターと呼ばれる装置の手助けが必要です。それでもキーを差し込んで回せば、わずか2～3秒間で自立、つまりアイドリング（緩速運転）状態になります。

しかしジェット・エンジンの場合は、2～3秒間でエンジン・スタート完了、というわけにはいきません。そもそもジェット旅客機には、エンジンをスタートするためのキーがありません。

そよ風が吹くと「カラカラカラ」と気軽に回転しているエンジンを見ていると、簡単にスタートできるように思えます。

しかし、ジェット・エンジンをゼロから回転させるには、大きな力が必要です。そのため自動車のような電動スターターではなく、**ニューマチック・スターター**と呼ばれるものでエンジンが自立するまで手助けしてもらいます。

ニューマチックとは、「空気の作用による」という意味で、圧縮空気を利用したタービンで駆動するスターターです。

タービンを回転させる空気は、周囲にいくらでもあり、何よりも小型軽量にもかかわらず大きな力を発揮するため、飛行機にとっては便利な「空気の利用」と言えるでしょう。

なお、ボーイング787は、VFSG（バリアブル・フリークエンシー・スターター・ゼネレーター）と呼ばれる発電機と、スターターの両方の機能を持つ装置によってエンジンをスタートしています。

ニューマティック・スターター

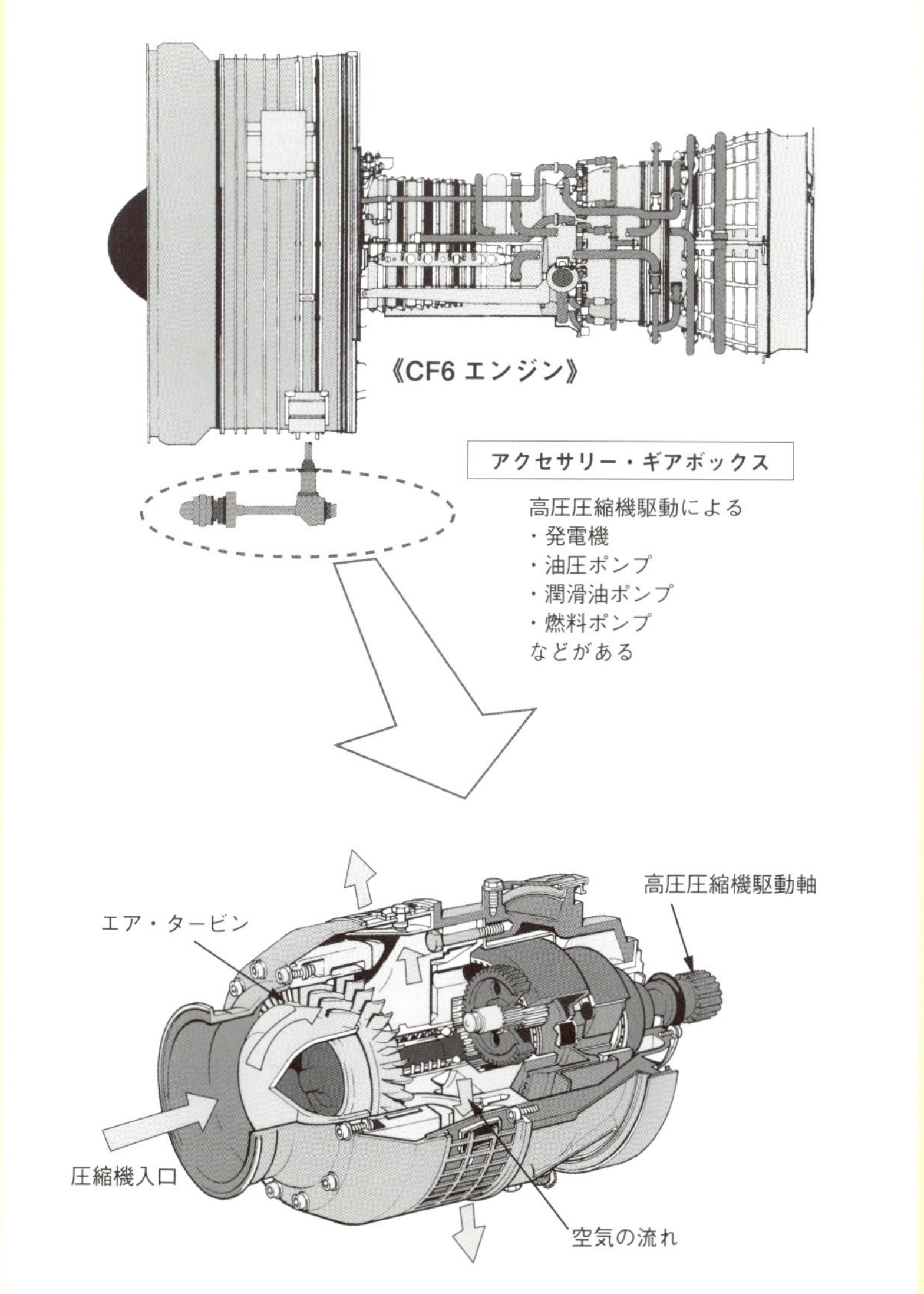

エンジン・スタート（その1）

燃料を入れるまでの手順

ほとんどのジェット旅客機では、エンジンをスタートさせるスイッチは2つあります。スターターを作動させる**スタート・スイッチ**、エンジンに燃料を送る**燃料コントロール・スイッチ**（「エンジン・マスター・スイッチ」と呼ぶ飛行機もある）の2つです。燃料コントロール・スイッチは、エンジン・スタート時に使用されるだけでなく、フライトを終えた時や、エンジンに不具合が発生しエンジンを直ちに停止しなければならない時、燃料をエンジンに送るのを遮断し、エンジンを停止させる時にも使用します。

飛行中でも、**エンジン・スタートは可能です。地上で少しでも風が吹いていれば、自然と回転するくらいなので、時速300キロメートル程度の速度があれば、スターターの助けなしにスタートできます**。自動車のエンジンを〝押しかけ〟スタートするようなものです。

具体的な操作としては、まずスタート・スイッチを「START」位置にします。圧縮空気をスターターに送るスタート・バルブと呼ばれている弁が開いて、スターターが回り始めます。

ギアを介して接続している高圧圧縮機が回転し始め、それにつられてファンと低圧圧縮機も回転を開始。空気取り入れ口から、自然と空気が吸い込まれ始めます。

次に燃料コントロール・スイッチを「RUN（運転）」位置にすると、燃料の元栓は開きますが、直ちに燃料が燃焼室に入るわけではありません。十分な圧縮空気がないと、異常燃焼が起きてしまうため、燃焼させてもよい圧縮空気が得られる回転速度に達するまで、燃焼室手前の燃料高圧弁は閉じたままです。

エンジン・スタートのしくみ

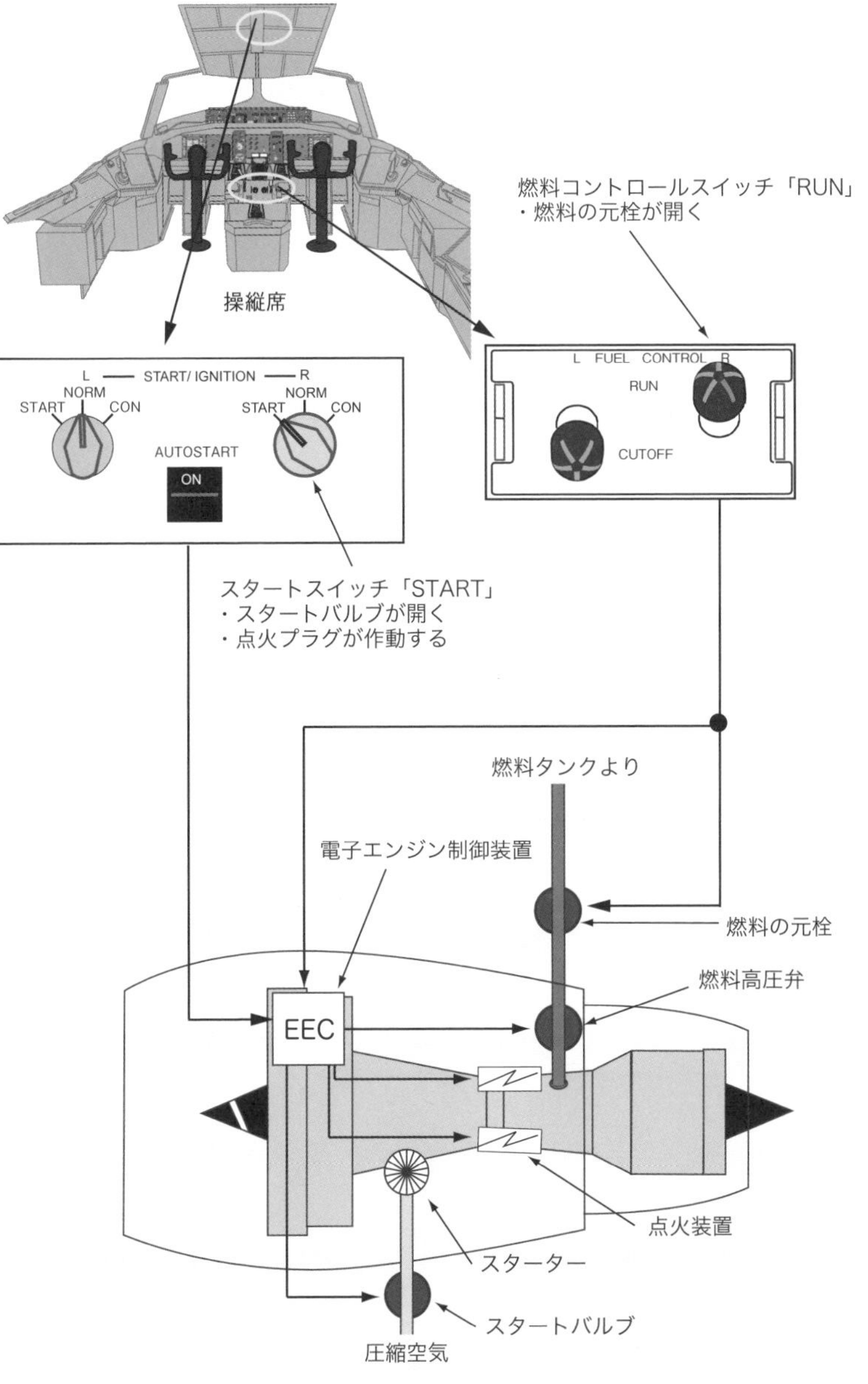
燃料コントロールスイッチ「RUN」
・燃料の元栓が開く
操縦席
L START/ IGNITION R
START
NORM
CON
AUTOSTART
ON
L FUEL CONTROL R
RUN
CUTOFF
スタートスイッチ「START」
・スタートバルブが開く
・点火プラグが作動する
燃料タンクより
電子エンジン制御装置
燃料の元栓
燃料高圧弁
EEC
点火装置
スターター
スタートバルブ
圧縮空気

エンジン・スタート（その2）

自立までの道のり

燃料コントロール・スイッチを「RUN（運転）」位置にした後、約束の回転数（毎分約2000回転）になると、まず点火プラグが「カチカチカチ」と火花を散らし始めます。

次に燃料が少しずつ燃焼室に入っていきます。自動車のガソリン・エンジンが、圧縮空気と燃料を混合してから点火するのとは逆です。ジェット・エンジンの場合は、燃料が先だと燃焼室以外で燃焼、つまりエンジン火災になる恐れがあるためです。ガスコンロが「カチカチ」といってからガスが出るのと同じ理屈です。

点火に成功した後は、連続燃焼するため、点火プラグは次のスタートまで必要ありません。しかし、点火に成功したからといって、自立したわけではありません。ようやくタービンを回す準備が整っただけです。

また、燃焼に使われる圧縮空気は、全体の空気の約25％程度で、残りの圧縮空気はタービンなどを冷却するために使われます。そのための十分な圧縮空気を得るためには、燃焼が始まってもまだまだスターターの助けが必要です。

いったいどのくらいの回転まで助けが必要かと言えば、実に最大回転速度の50％（5000回転／分）の高速回転まで必要です。自立回転に達するまでは、燃料の量も少しずつ増やしていくようになっていて、その役割をする装置を**燃料制御装置**（FCU）と呼んでいました。しかし現在では**全権デジタルエンジン制御装置**（FADEC）、あるいは**電子式エンジン制御装置**（EEC）と呼んでいます。スターターの助けが終了し、自分自身でアイドリングまで加速し、ようやくスタート終了。この間、約20～30秒ほどです。

エンジンスタートを中止するとき

実際のエンジン・スタートは2つのスイッチを操作するだけ（P36）で監視（業界用語ではモニターといいます）しているだけです。
もしエンジンに異常があった場合には、自動的にスタートは中止されます。その代表的な異常スタートをあげてみましょう。

ホットスタート　：エンジンの異常燃焼。燃料流量の過多やスターターの力不足などが原因

ウエットスタート：規定時間内に点火が確認できない（排気ガス温度の上昇がない）。点火プラグの不良が原因。

ハングスタート　：回転するのが通常よりも遅くホットスタートを伴うこともある。燃料流量が少な過ぎることやスターター、圧縮空気の力不足が原因。

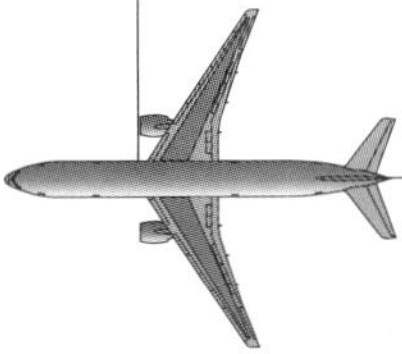

以上のような異常があったら、スタートを直ちに中止し、エンジン内部の残燃料を排出するためにしばらくの間エンジンをから回り（モータリング）させます。

ところで、アイドリング回転速度は、ファンが毎分約 1000回転高圧圧縮機は約6400回転で最大回転速度の60％以上となっています。ガソリンエンジンのアイドリングが 600回転ほどで最大回転の10％程度であることから、ジェット・エンジンのアイドリングはかなりの高速であることがわかります。

エンジンが作り出す４つの力

推力、空気圧力、電力、油圧力

エンジンにとっての最大の大切な仕事は、もちろん**推力の発生**です。しかし、それだけではありません。たとえアイドリング（緩速運転）であっても、客室の気圧や温度を快適に保つための**空気の力**、自由に飛ぶための補助翼などを動かすための**油圧力**、そして無線機、計器類、コンピュータなどの電子装置を動かすための**電力**など、合計４つの力を作り出しています。

まずは空気の力からです。**エンジン内に流入した空気は圧縮機により空気は約30倍に圧縮され、温度は燃焼する前でも約５００℃以上にもなります**。その燃焼前のきれいな空気をエンジンの途中から抜き出して、機内の気圧を一定に保つ（与圧《よあつ》と呼んでいます）ことやエアコンなどに利用しています。エアコンは、エアサイクルマシンと呼ばれる、圧縮空気が膨張する時に温度が下がることを利用したもので、冷たい空気に元々ある熱い空気を混合させてちょうどよい温度にコントロールしています。そして、アウト・フローバルブと呼ばれている弁の開閉により機外に排出する空気の量を調節し、気圧を一定に保っています。

発電機は各エンジンに1個あるいは2個装着されており、アイドリングから離陸推力までの回転速度に関係なく一定の電力が得られる装置により１１５Ｖの電圧、周波数４００ＨＺが維持できるようになっています。1個あたりの発電能力は最大で２５０ｋＶＡもあります。

油圧ポンプも同様にエンジン回転速度に関係なく一定の圧力、約２１０㎏／㎠（ボーイング７８７やエアバスＡ３８０は約３５０㎏／㎠）もの吐出圧があります。詳しいことは後述（Ｐ78）します。

アクセサリー・ギアボックス

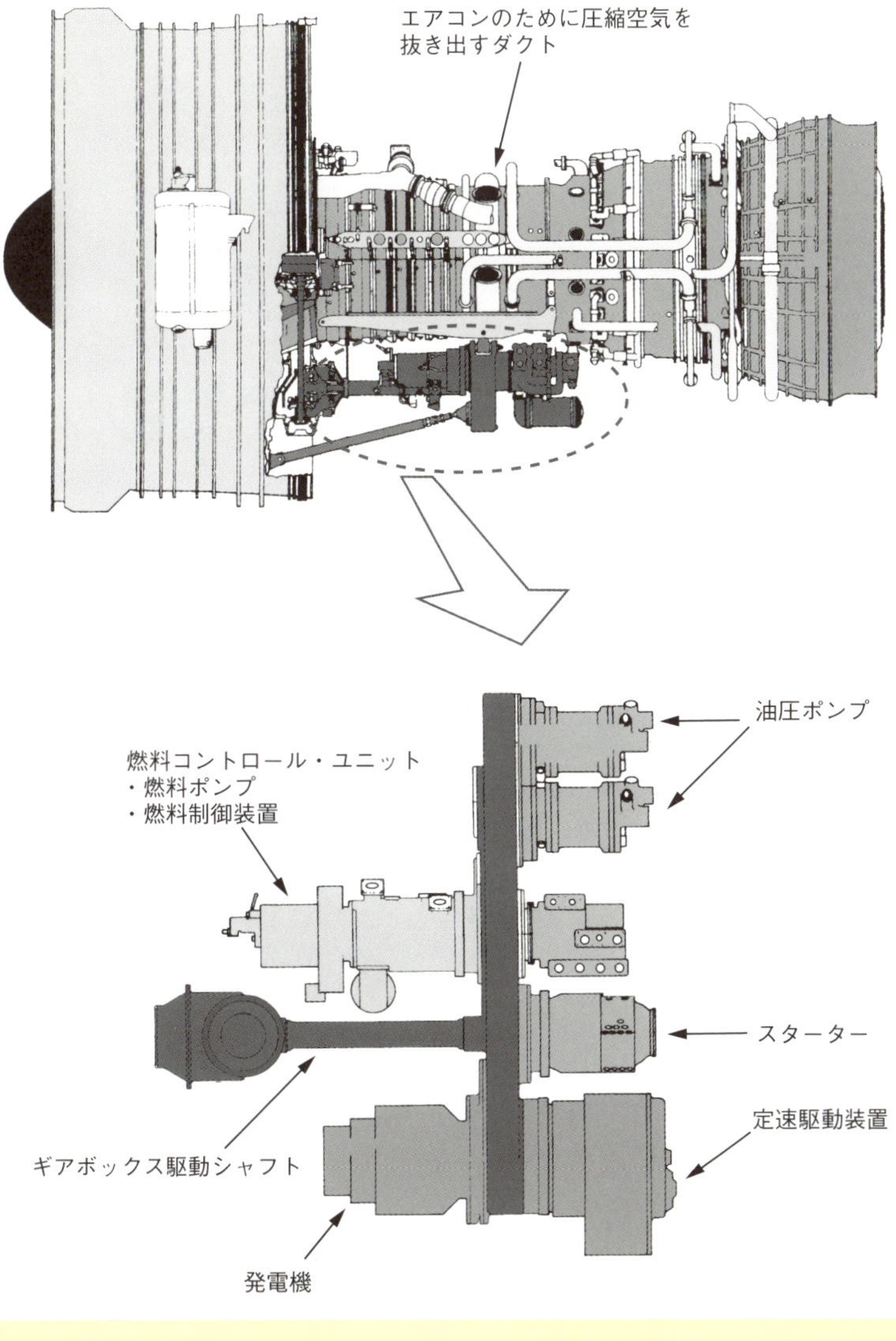

エンジンのパワーをコントロールするレバー

自動車のアクセルに該当するスラスト・レバー

エンジンをスタートしたところで、次はどうやって推力の調整をするか調べてみましょう。

自動車の場合は、エンジンの出力を調整するアクセルは足下にありますが、ジェット旅客機は、操縦席の**ペデスタル**と呼ばれている中央台座にあります。

なぜ中央にあるかといえば、足下には方向舵と、車輪ブレーキを操作するためのペダルがあること、また左に座っている機長と右席に座っている副操縦士の両方から操作できるようにするためです。

ところで、**飛行機の場合はアクセルとは呼んでいません**。ピストン・エンジンからの呼称をそのまま受け継いで**パワー・レバー**、**スロットル・レバー**などと呼んでいることもありますが、推力を英語でスラストというので、**スラスト・レバー**ということが多いようです。

しかし実際に現場では、

「もう少しパワーを足すように」

「もっとパワーを絞って」

などと航空業界用語が飛び交っています。

スラスト・レバーを進行方向に出すと、推力が大きくなり、後方に引くと小さくなります。レバーから手を放しても自動車のアクセルのようにもとに戻らず、その位置のままです。

そしてもっとも引いた位置が最少推力、つまりアイドル（緩速運転）になります。

スラスト・レバーを前に進めると、簡単に言えば燃焼室に入る燃料の量が増えて、それにともない熱エネルギーも増加して、出力が大きくなります。しかし、単純に燃料さえ増やせばよいわけではありません。それはなぜか、次の項で理由を考えてみましょう。

スラスト・レバー

<A380>

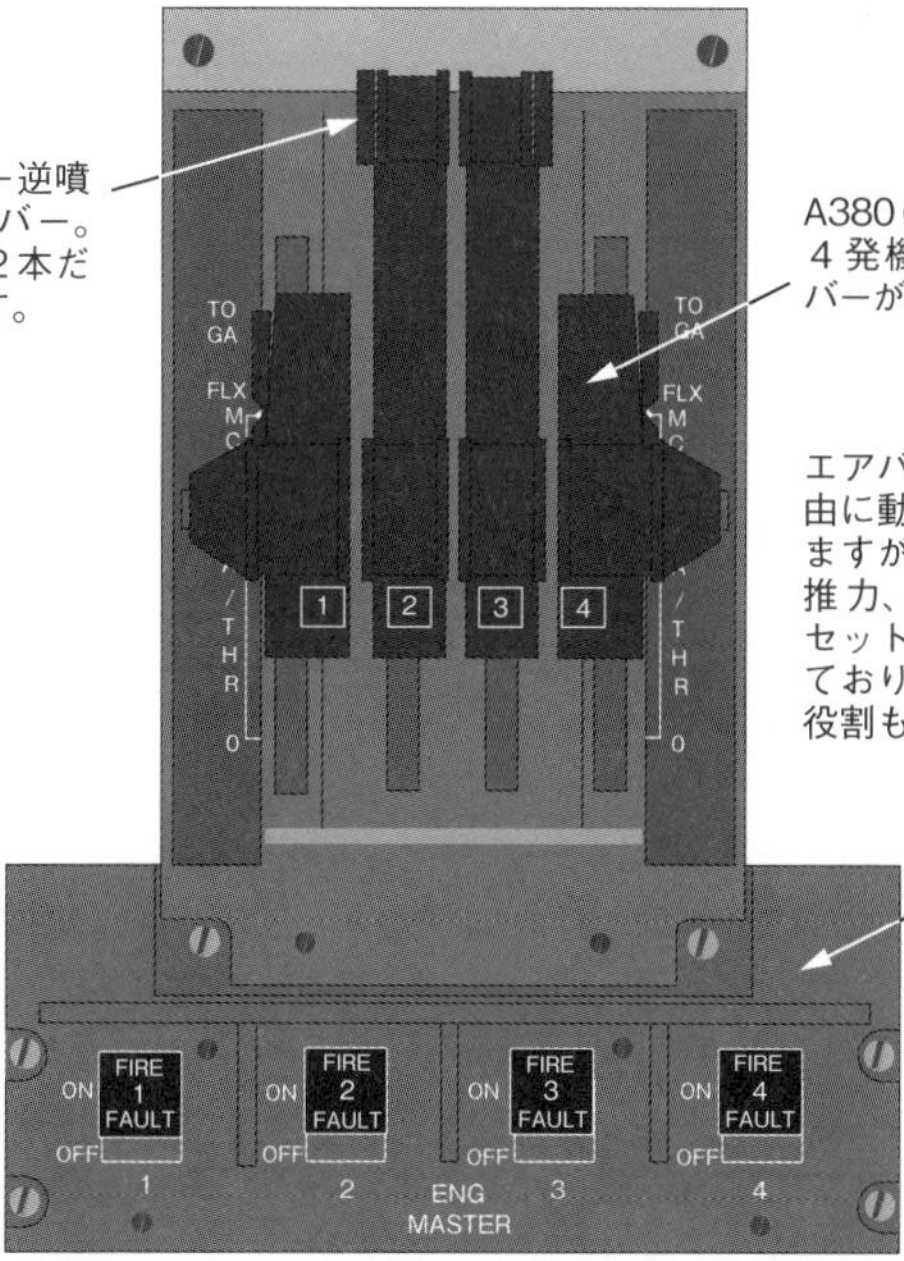
リバース・レバー逆噴射するためのレバー。中央エンジンの２本だけ装備しています。
A380のスラスト・レバー４発機なので４本のレバーがあります。
エアバス機のレバーは自由に動かせる範囲もありますが、離陸推力、上昇推力、最大連続推力をセットする位置が決まっており一種のスイッチの役割もあります。
ペデスタル

<ボーイング777>

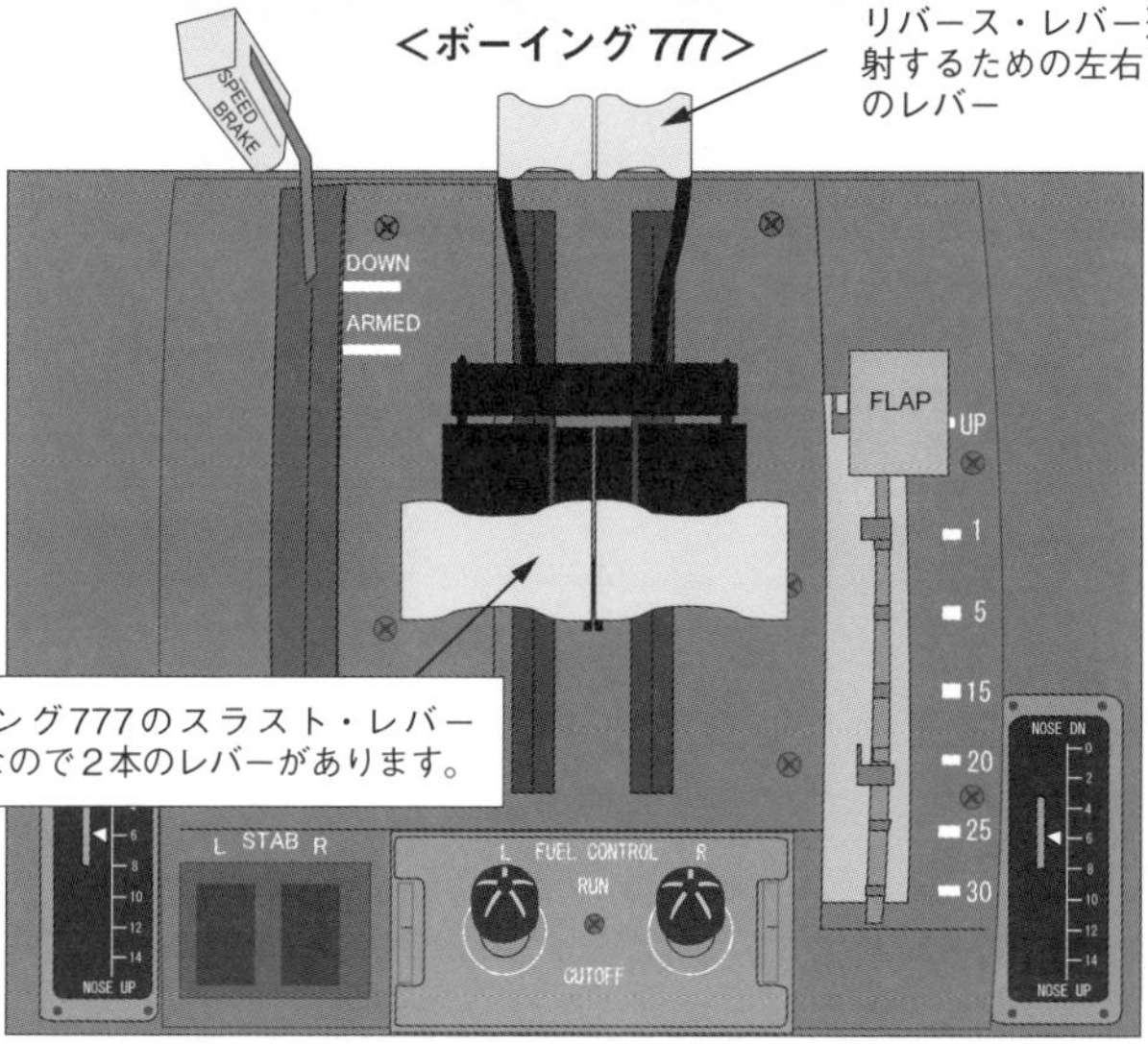
リバース・レバー逆噴射するための左右２本のレバー
ボーイング777のスラスト・レバー双発機なので２本のレバーがあります。

エンジンのパワー全開で、何が問題か

エンジンにダメージを与えるコンプレッサー・ストール

自動車のピストン・エンジンは吸入、圧縮、燃焼、排気といった仕事をいつも同じシリンダ内で行なっています。しかしジェット・エンジンは、それぞれの専門の仕事を流れ作業のように行なっています。

そのために、タービンの羽根のように、常に高温に耐えながら高速回転しなければならない、過酷な場所が存在してしまいます。

その過酷な場所で熱応力や運動応力に負けて壊れしまったタービンの破片が、下流に飛散してしまったら、高速回転しているエンジンは悲惨な結果になってしまいます。またタービンが破損しないまでも、エンジンの寿命や整備費などにも大きな影響を与えてしまいます。

そのため**タービン入り口の温度は、制限値が厳しく設定されていて、どのような状況にあっても制限値を超えないように、燃料の量をエンジンに送る必要があります**。

また、こうした燃焼温度の問題をクリアしたとしても、次の問題があります。例えば急にレバーを操作し燃料の量を増やしたとします。するとタービンを通過するガスの量は増えます。しかし、タービンと圧縮機は、力を加えない限り動こうとしない性質である慣性のため、急には動きません。

圧縮機がもたもたしていると、下流に向かう空気の流れが不安定になり、「ドーン」といった大音響と振動をともなう**コンプレッサー・ストール**と呼ばれる現象を引き起こしてしまいます。

コンプレッサー・ストールが発生すると、エンジンに大きなダメージを与える可能性があるため、スラスト・レバーを急激に操作しても、安定した運転が可能な燃料制御が必要となります。

エンジンの制限

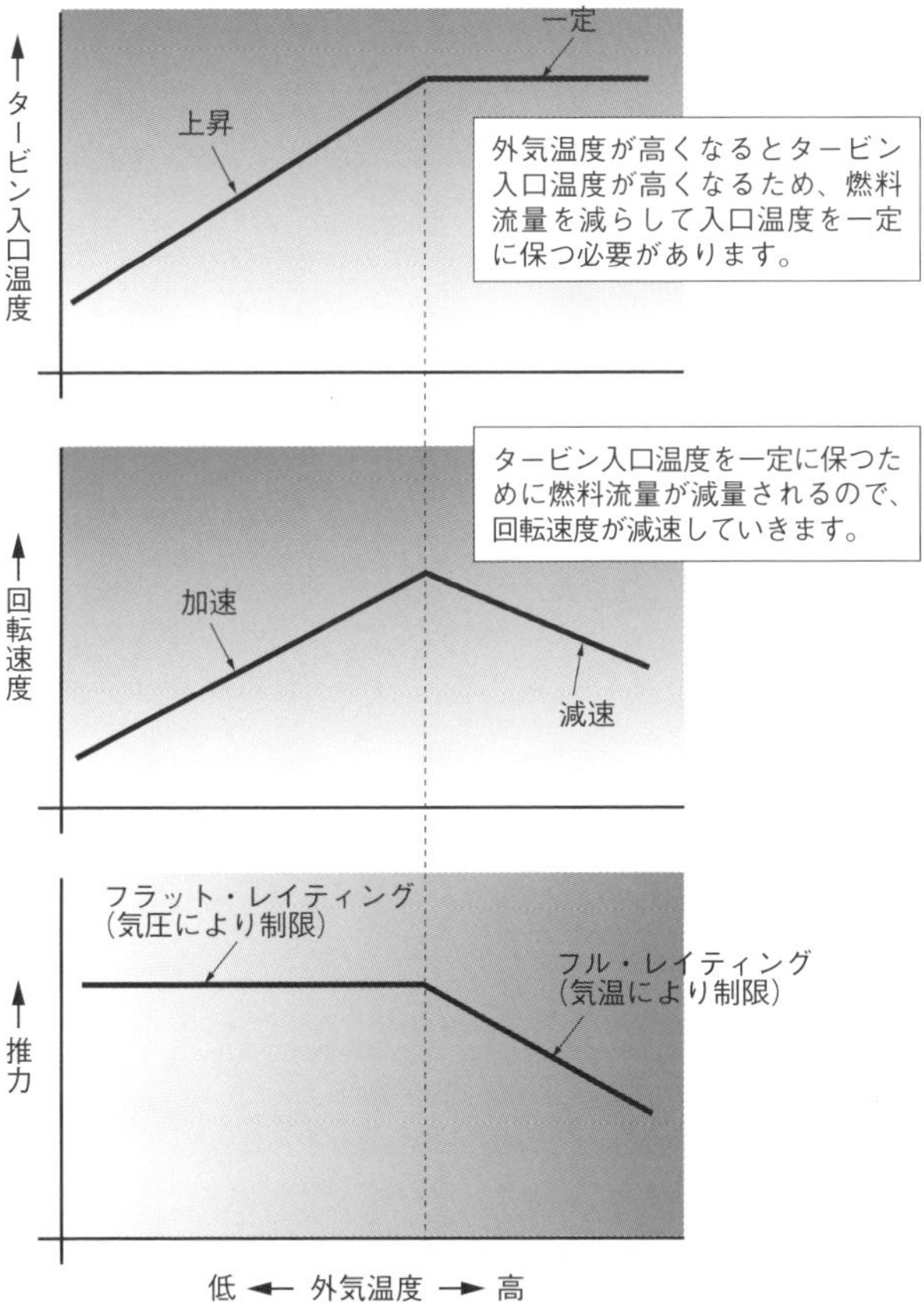
タービン入口温度
一定
上昇
外気温度が高くなるとタービン入口温度が高くなるため、燃料流量を減らして入口温度を一定に保つ必要があります。
回転速度
タービン入口温度を一定に保つために燃料流量が減量されるので、回転速度が減速していきます。
加速
減速
推力
フラット・レイティング
(気圧により制限)
フル・レイティング
(気温により制限)
低 ← 外気温度 → 高

外気温度が高くなると、タービン入口温度が高くなっていきます。そして、タービン入口温度の制限値を超えるよう外気温度になった場合には燃料流量を減らさなければなりません。このよう外気温度によって制限される推力のことを**フル・レイティング**と呼んでいます。ただし外気温度が低ければ低いほど推力を大きくできるわけでもありません。今度はエンジン内部の圧力が高くなりすぎるので強度上の問題が発生します。そのためエンジンが吸い込む外気圧が高い時には推力を小さくしなければなりませんが、このように外気圧で制限される推力のことを**フラット・レイティング**と呼んでいます。

安全運転を可能にする燃料制御の装置

燃料コントロール装置もデジタル方式へ

今度は、燃料の流量を急激に減らした場合を考えてみましょう。慣性の法則から圧縮機は急には減速できません。その結果、今度は空気の流れに対して燃料流量が少な過ぎて、燃焼室内の火が吹き消されてエンジンが止まってしまう、**フレーム・アウト**という現象が起こります。パイロットにとっては、コンプレッサー・ストールもフレーム・アウトも起こってほしくない現象です。

さらに、高い高度では空気密度が薄くなるので、その点も考えなくてはなりません。もちろん、飛行機の飛ぶ速度も大きな問題となります。しかし、これらの問題があるからといって、パイロットがその都度考えながら燃料流量を調整するのは、大変困難なことです。

また飛行中に風の急変などで、速度や姿勢が大きく影響を受ける場合も多々起こります。そのような時に、コンプレッサー・ストールやフレーム・アウトを気にして、レバーをゆっくりと操作しなければならないようでは問題です。

以上のようなことが起きないようにするための装置が、**燃料コントロール装置**です。**この装置は燃料流量だけを制御しているのではなく、エンジンが安全に効率よく運転できるように、圧縮機の羽根の角度の調整や、燃焼室の熱膨張制御など、エンジン全般のコントロールもしています**。

初期のジェット・エンジンは、すべて機械式で作動するアナログ制御方式のため、燃料制御装置（FCU）と呼んでいました。現在ではデジタル制御方式で、**全権デジタルエンジン制御装置**（FADEC）、あるいは**電子式エンジン制御装置**（EEC）と呼んでいます。その機能は、燃料制御だけではなく多岐にわたっています。

エンジンを制御する装置

JT8Dエンジン燃料制御装置(FCU)

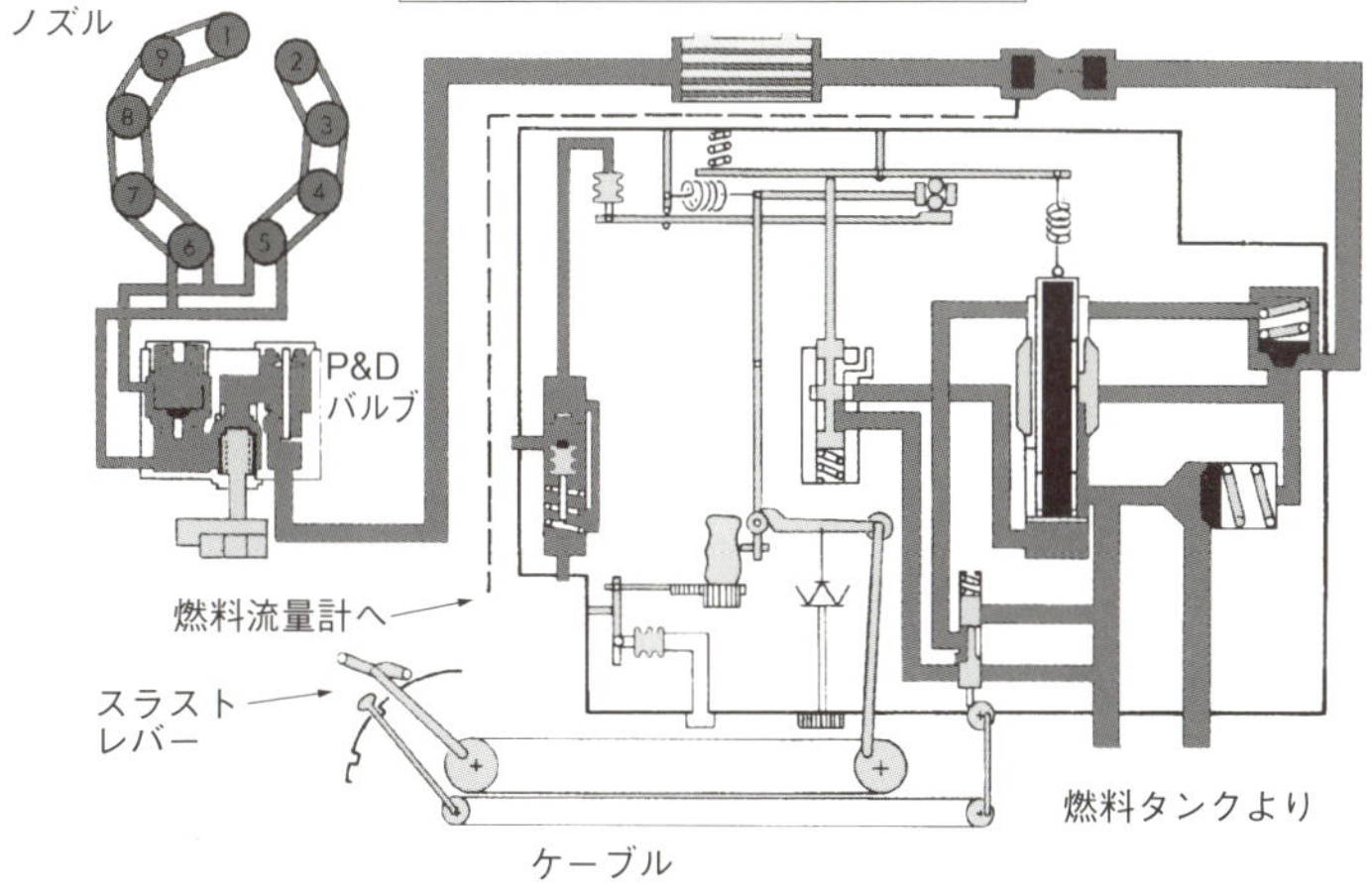

CF6-80C2 エンジン制御装置

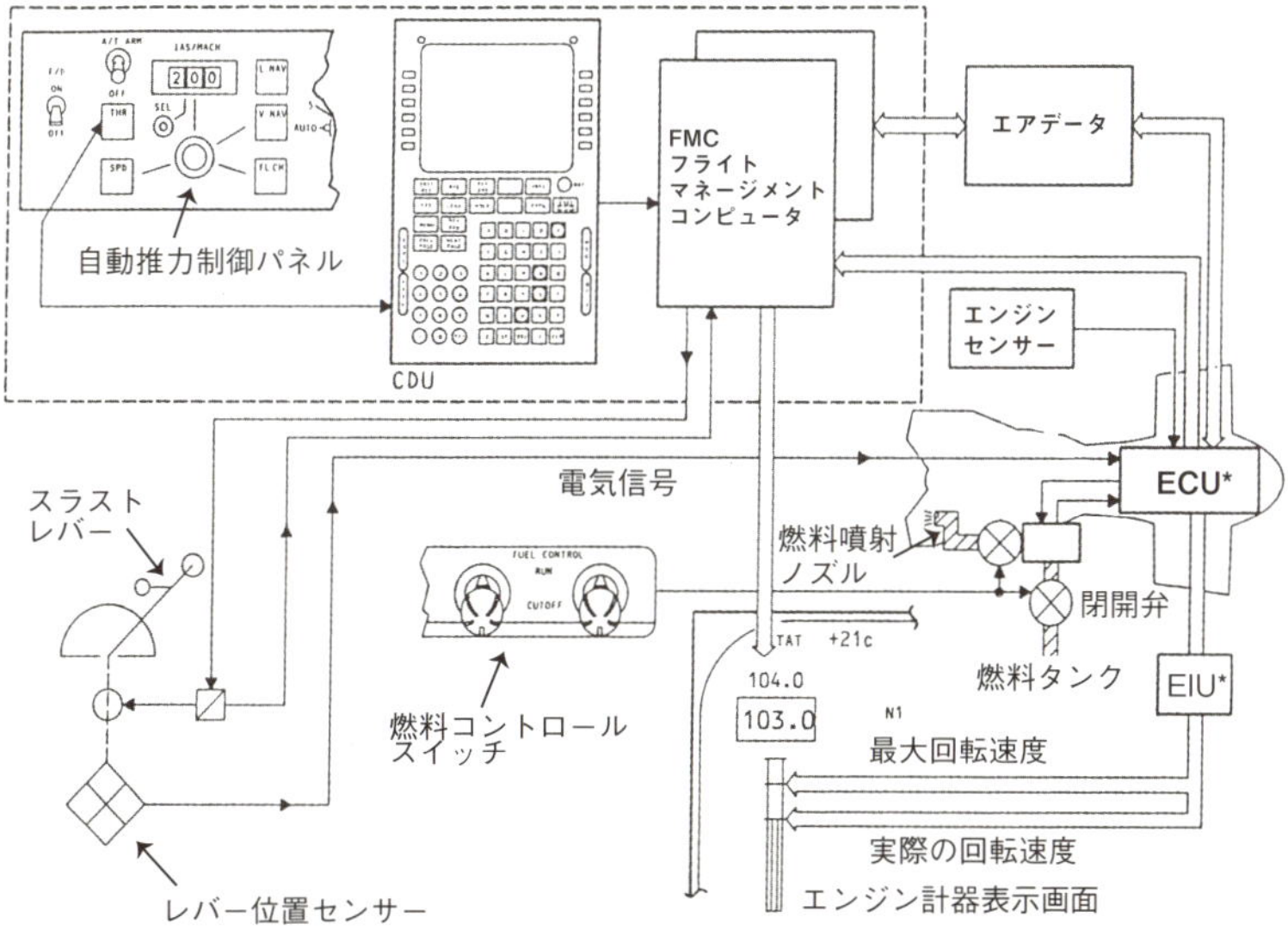

ECU: エンジン制御ユニット　EIU: エンジン表示ユニット

離陸の時にどのくらいの力を出しているのか

空港での観察結果　その1

ターボファン・エンジンの仕組みが少しわかったところで、実際にどのくらいの力を出しているのか調べてみましょう。そのためにはまず空港で離陸する飛行機を観察して、推力の大きさを概算してみます。

離陸重量が370トンのジャンボ機が、滑走路で3300メートルの距離を使って離陸したとします。ストップウオッチで測った滑走開始から浮揚するまでに要した時間は、50秒。これらの観察結果から計算してみましょう。

注意しなければならないのは、力の単位はkgやトンのように重さと同じなので、

重さ＝質量×重力加速度

という関係から、

質量＝重さ÷重力加速度

となるので、質量を求める場合には、重力加速度で割る必要があります。

左図のように、離陸推力の計算結果は約100トンになりますが、ジャンボ機は4つのエンジンを装着していますので、1つのエンジンで約25トンになります。つまり**100トンの前に進む力で、重さ370トンを持ち上げている**ことになります。以前調べた巡航中の揚抗比は、空気だけの抗力との比較で18程度（9ページ）でしたが、さすがに離陸時はもっと小さくて3・7ぐらいになります。

その理由は、まず、第一にゼロからの出発であること。

そして抗力がもっとも小さい巡航形態（航空界用語でクリーンな状態といいます）の巡航中と違って、脚を下げていたり、フラップを出している離陸形態であること。また、地面との摩擦力などの抗力も大きいなど、考えられます。

離陸のときにどのくらいの力を出しているのか

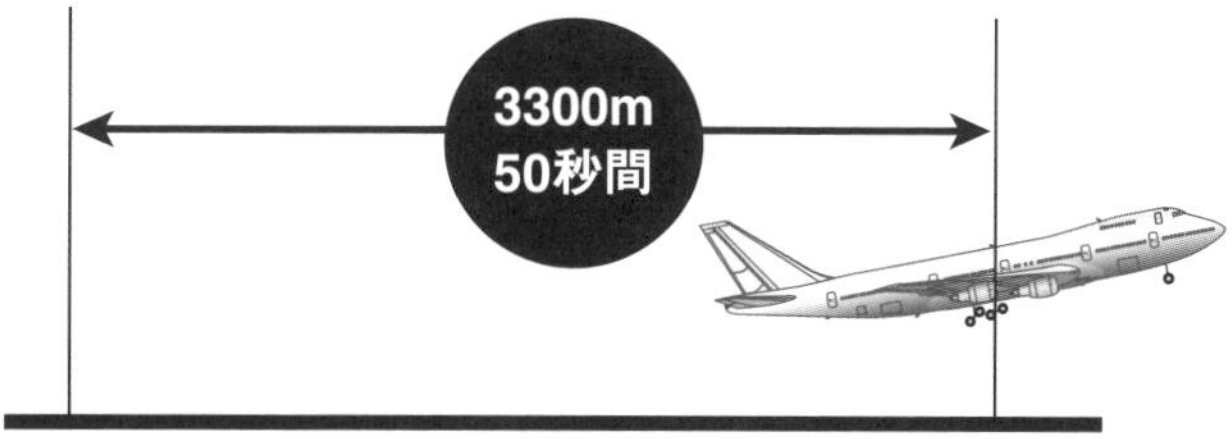

370トンのジャンボ機が3300mを50秒間で離陸

(ジャンボ機の質量) = 370/9.8
= 37.8 ($t \cdot s^2/m$)
(距　離) = 1/2 × (加速度) × (時間)^{2}から
(加速度) = 2 × (距離) ÷ (時間)^{2}ですので、
(加速度) = $2 \times 3300 \div 50^2$
≒ 2.64 (m/s^2)

となります。そして、(力) = (質量) × (加速度) ですので

(離陸推力) = 37.8 ($t \cdot s^2/m$) × 2.64 (m/s^2)
≒ 100 (t)

となります。この 100 t の力で重さ 370 トンを持ち上げているのです。

ちなみに、揚抗比は
(揚抗比) = (揚力) / (抗力)、(推力) = (抗力) から
(揚抗比) = 370 ÷ 100 = 3.7
となります。

推力の計算式から離陸推力を計算する

空港での観察結果　その2

次は推力の大きさを計算式で求めてみましょう。推力は前述のように、推力＝単位時間に吸い込む

空気の質量×噴出速度－飛行速度

で表すことができました。

これを数式にすると、左図のようになります。前ページのエンジンの場合、**1秒間に50メートルプールで約一杯分の空気を吸い込んでいる**ことになります。しかしバイパス比が5ですので、その83％の空気は燃焼されず、ファンによりそのまま加速し噴出されます。そして、左図のように算出した結果は25トンとなり、空港での観察結果と同じ大きさになります。

ところで、この推力は飛行速度をゼロで計算していますが、実際には加速しているので、飛行機速度を加味しなければなりません。

噴出速度が一定ならば、飛行速度が速くなればなるほど引き算される値が増えるので、必然的に加速していくとともに推力が小さくなってしまうことになります。

実際、このエンジン推力の大きさは、離陸開始では１００トンなのに、空中に浮く瞬間ではその約80％、つまり１００×０・８＝80トンに減ってしまいます。ただし、時速７００㎞以上になると、エンジンに吸い込まれる空気が自然と多くなる**ラム効果**によって、推力は逆に大きくなっていきます。

このように飛行中に実際に発揮している、有効となる推力のことを**正味推力**といいます。そして、単純にエンジンが発生する推力のことを**総推力**といい、エンジンのカタログに記載されている推力とは、この総推力のことです。

推力の式から離陸推力を計算してみよう

エンジンの推力は、飛行速度に大きな影響を受けてしまうことは調べました。ここでは、離陸開始直後の推力が離陸速度330kmまで加速したときにどれだけ変化するのか調べてみましょう。

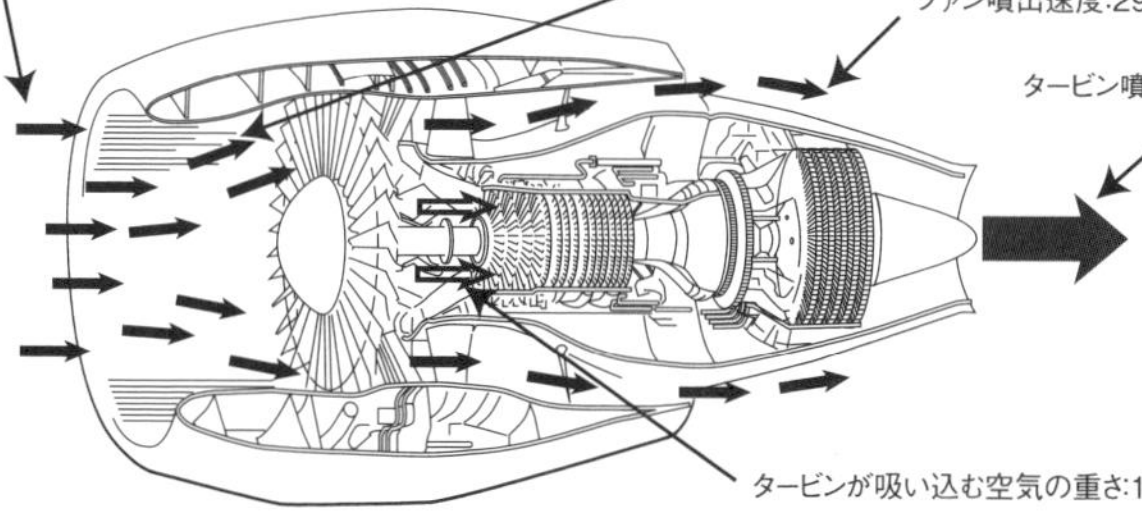

(空気の質量)=(空気の重さ)÷(重力加速度:9.8)から発生する推力は次のようになります。

(タービン推力)=(タービンが吸い込む空気の質量)×(タービンが噴出する空気の速度)
=135/9.8×380
≒5トン

(ファン推力)=(ファンが吸い込む空気の質量)×(ファンが噴出する空気の速度)
=675/9.8×290
≒20トン

(エンジン推力)=(タービンが発生する推力)+(ファンが発生する推力)
=5トン+20トン
≒25トン

飛行機の離陸するときの速度330km(92m/秒)を考えると推力は、

(タービン推力)=(タービンが吸い込む空気の質量)×(タービンが噴出する空気の速度ー飛行速度)
=135/9.8×(380-92)
≒4トン

(ファン推力)=(ファンが吸い込む空気の質量)×(ファンが噴出する空気の速度ー飛行速度)
=675/9.8×(290-92)
≒14トン
から
(エンジンの推力)=(タービンが発生する推力)+(ファンが発生する推力)
=4+14
≒18トン

と、推力の大きさは離陸開始の時よりも70%程度になってしまいます。
しかし、実際には330kmになるとエンジンにに入る空気の圧力が高くなるラム効果によりエンジンはその圧力分だけ推力が増し、80%程度の低下ですんでいます。

大量の燃料は、どこに積んでいるのか

ドラム缶で約1000本の燃料を入れているのはどこ？

ジャンボ機は、成田からロンドンまで飛ぶのに、約120トン前後の燃料を消費します。量に換算するとドラム缶で約710本前後。しかし空中で燃料補給ができないことや、目的地以外の空港に着陸しなければならないことなども考えて、**実際に積む燃料は1000本近くになることもあります**。もちろん飛行ルート、飛行機の重さ、上空の風などにより大きく変化しますが、このような大量の燃料をいったいどこに積んでいるのでしょうか。

答えは、主翼の中です。主翼は、揚力を発生し飛行機の重さを受け持つ主役の翼のこと。主翼は丈夫でしかも軽くするために、左図にあるように**スパー**（けた、横に渡して他の部材を支えるもの）や**リブ**（小骨、けたに直角につける補強材）と呼ばれる部材に囲まれ箱形にできています。

そのため燃料のような液体を入れるには好都合な形となっています。ただすべての空間を1つのタンクにしているわけではありません。翼の構造を利用して、幾つものタンクに分けてあります。

燃料タンクが細かく分かれているのは、飛行機の姿勢が変わっても、燃料が中で勝手に移動しないようにするためです。170トンの重さの燃料が、飛行機の姿勢が変わるたびに勝手に移動したのでは、自由に飛ぶことができません。

また**燃料は重心以外に、重石という重要な役割も担っています**。飛行機の重さを支えているのは主翼です。

その主翼、とくに翼の付け根には大きな**荷重（外部から加わる力）**が作用します。その大きな荷重を和らげる重石の役目をしているのが、翼の中の燃料、170トンの重さです。

エンジンの糧である燃料はどこに積むのか

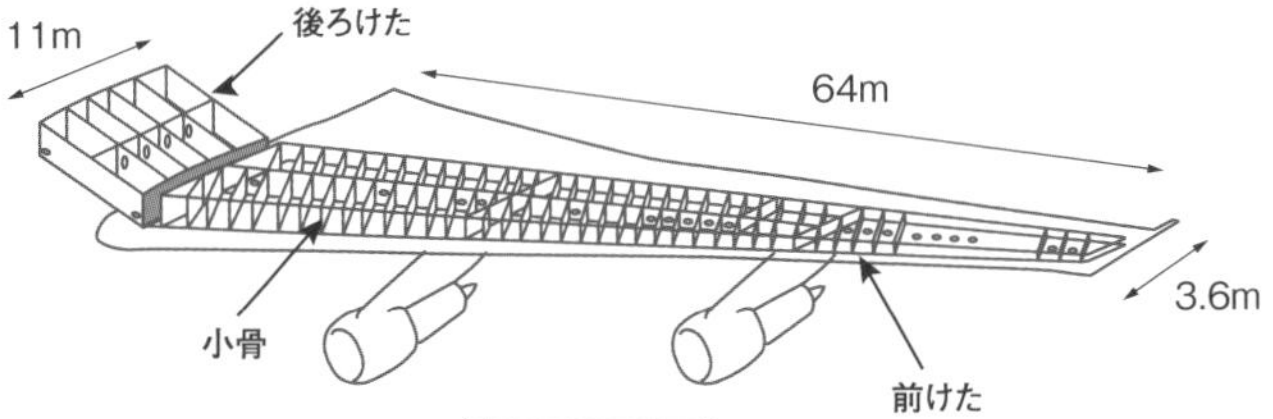

翼の構造

ジャンボ機の翼の長さや64m、根元の幅は11m、翼端は3.6mあります。翼の厚さを1mとして単純な四角い箱にすると、5m×50m×1mとなります。これから箱の体積＝5×50×1＝250m³となります。1m³は1000リットルですので、リットルに換算すると約250000リットルあることになります。

実際に、仕様（使用する航空会社）によっても異なりますが、ジャンボ機は約2160000リットル、ドラム缶にして約1080本の燃料が入ります。その燃料の重さは、実にジャンボ機の40%以上にもなります。

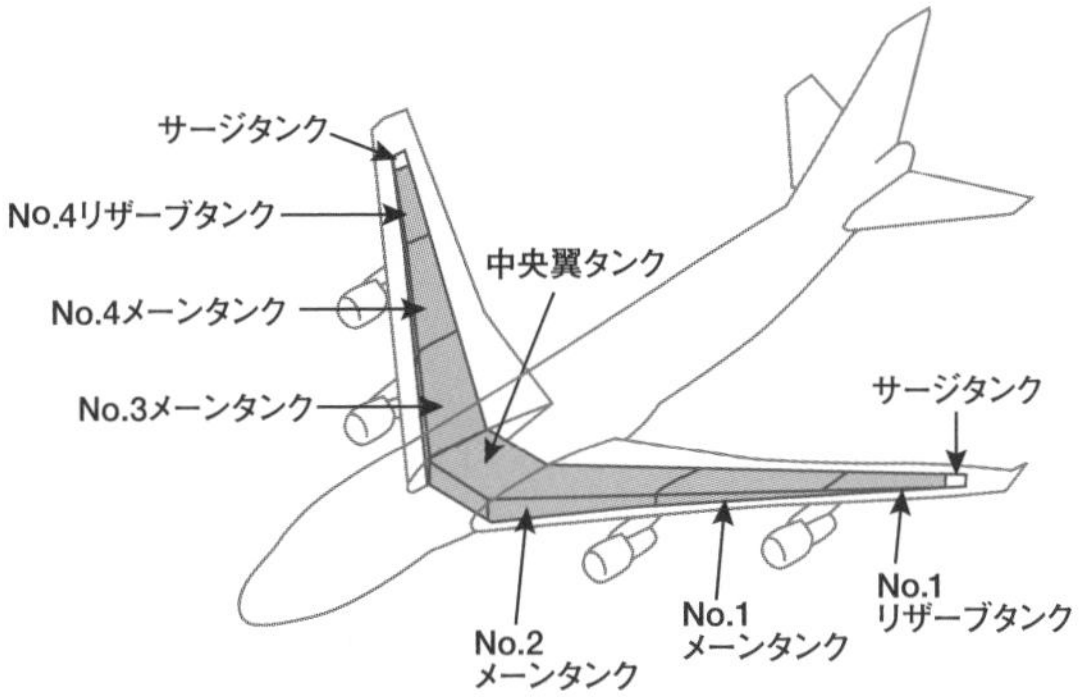

細かく区切られている燃料タンク

翼の形状から燃料が入る量は、**中央翼タンク＞No.2&3メーンタンク＞No.1&4メーンタンク＞No.1&4リザーブタンク**の順になっています。

また､翼端にはサージ･タンクと呼ばれる通気口があります｡紙パックの牛乳をストローで飲むとパックがつぶれてきますが、ストローの口以外にも穴が開いていればパックはつぶれませんし、飲みやすくなります。それと同じように通気口の役目は、主翼がつぶれないようにすること、および燃料をエンジンに送りやすくすることです。

エンジンまでの道のりを探る

燃料はどのようにして燃焼室までたどり着くのか

翼の付け根の部分を強度にするには、燃料ができるだけ重石の役割をするように、胴体に近いタンク内の燃料から使用するのがベストです。そのため、どのタンクからもすべてのエンジンに燃料を送ることができなければなりません。

それを可能にする装置が、**ブーストポンプ**と呼ばれる燃料タンク内に設置されたポンプと、汲《く》み上げた燃料を送る**クロスフィード・ライン**と呼ばれるパイプラインです。ポンプのオン・オフと各パイプラインのバルブの開閉により、どのタンクからでもすべてのエンジンに燃料を送ることができます。

タンクから送り出された燃料は、そのままエンジンに入るわけではありません。飛行機は高度も緯度も高い所を飛ぶので、**外気温度がマイナス70℃にもなることもあります**。そのような空域を長時間飛んでいると、外気に影響を受けて翼内の燃料の温度が下がってきます。その燃料に微量でも水分が含まれていたら、その水分が凍ったり、燃料温度がマイナス40℃前後になれば燃料の粘性などが変化してしまいます。

どちらにしても、燃料制御装置や燃料噴射ノズルが目詰まりを起こしてしまい、エンジンが正常に作動しなくなります。また停止してしまう恐れもあります。そのため、熱くなっているエンジン・オイルと熱交換（燃料は暖められオイルは冷やされ一挙両得）した後、濾過《ろか》するフィルターを通過して燃料制御装置に入るようになっています。

燃料制御装置内では、スラスト・レバー位置や飛行速度、気温などの信号を受け油圧式機械装置（ＨＭＵ）により、最終的に燃料流量が決定され、燃焼室に送られます。

燃料タンクからエンジンまで

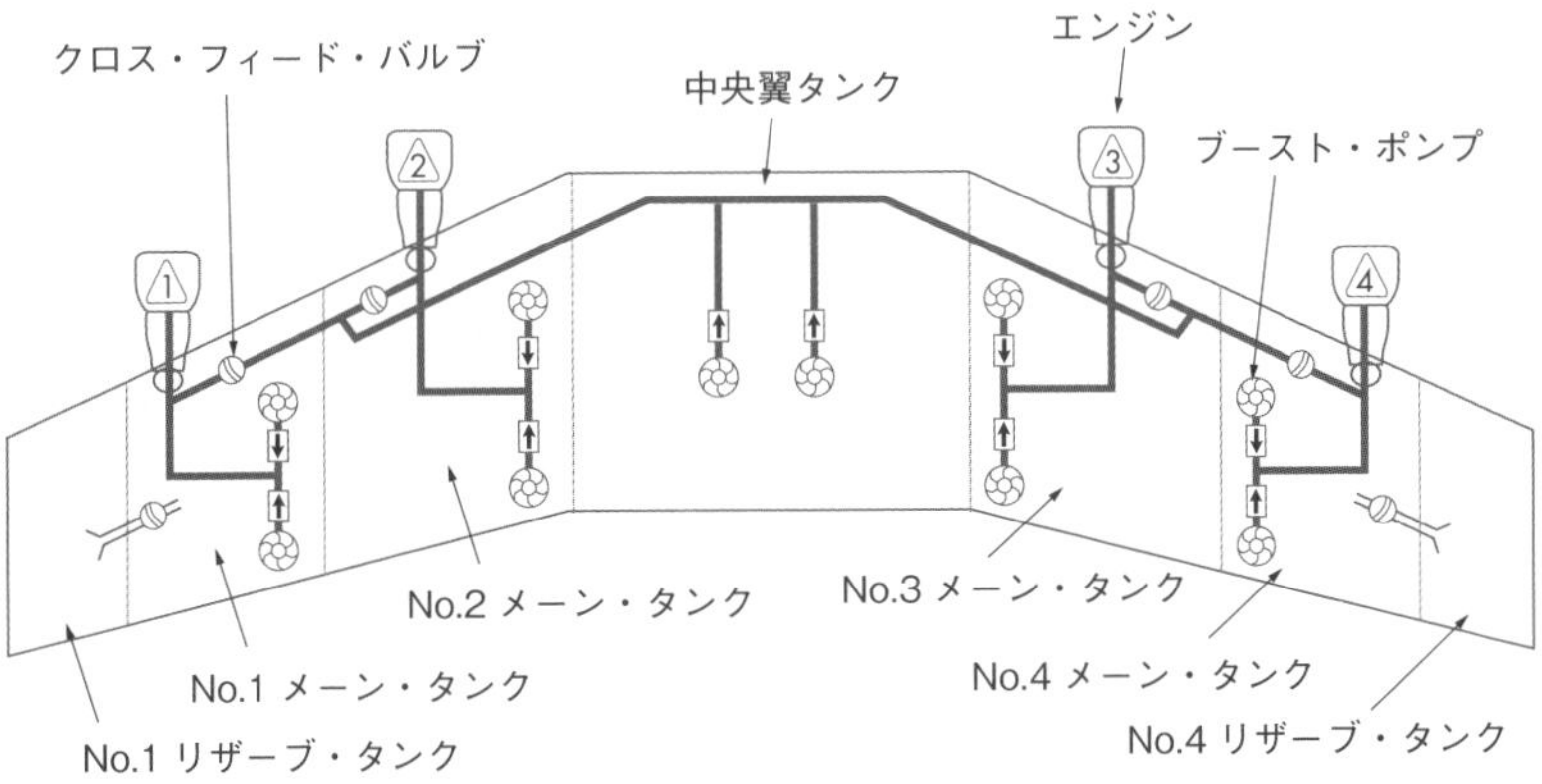
クロス・フィード・バルブ
エンジン
中央翼タンク
ブースト・ポンプ
No.2 メーン・タンク
No.3 メーン・タンク
No.1 メーン・タンク
No.4 メーン・タンク
No.1 リザーブ・タンク
No.4 リザーブ・タンク

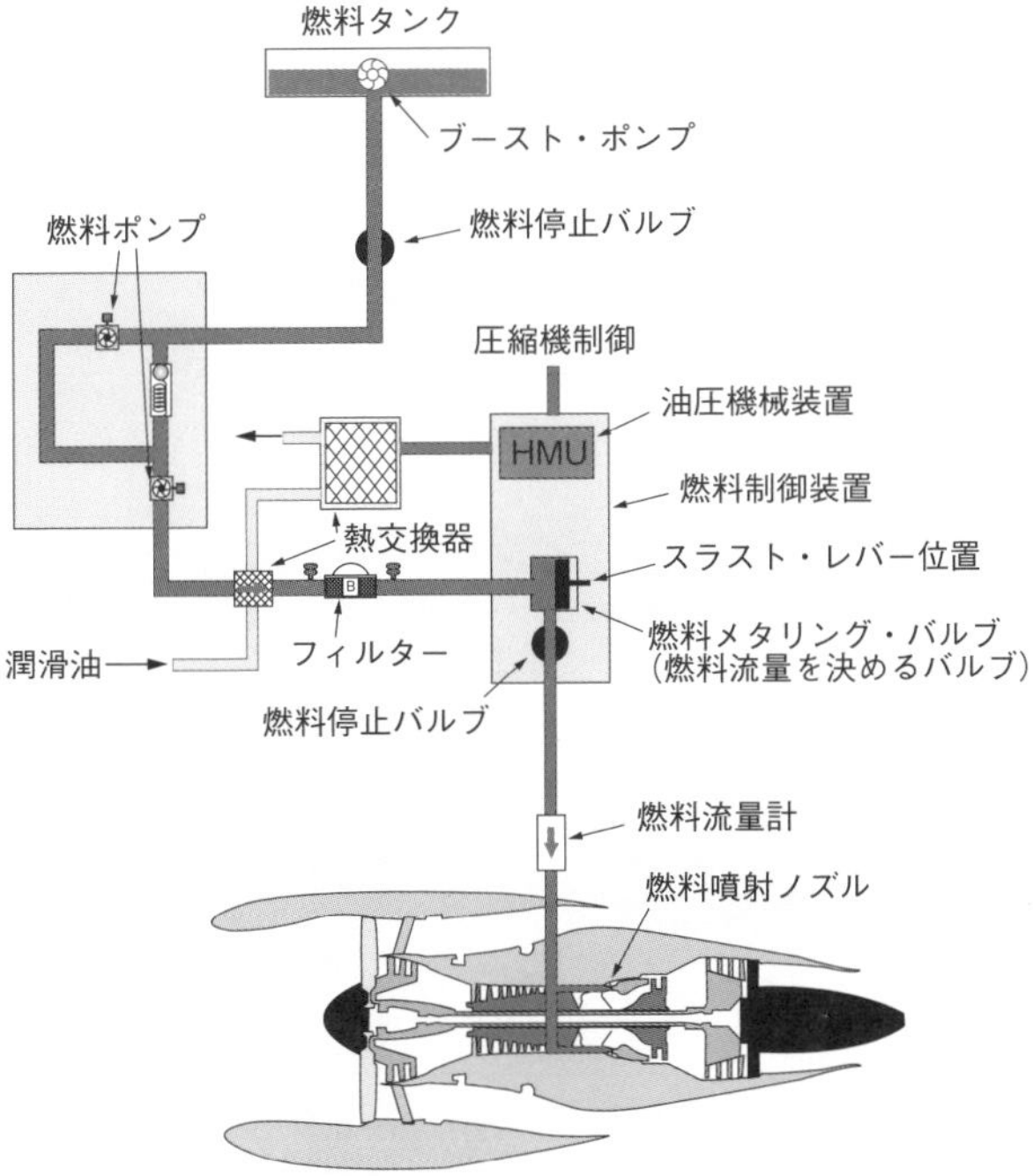
燃料タンク
ブースト・ポンプ
燃料停止バルブ
燃料ポンプ
圧縮機制御
油圧機械装置
HMU
燃料制御装置
熱交換器
スラスト・レバー位置
フィルター
潤滑油
燃料メタリング・バルブ
（燃料流量を決めるバルブ）
燃料停止バルブ
燃料流量計
燃料噴射ノズル

成層圏から見るオーロラ

磁北と真北

冬のアンカレッジ空港で飛行機の外部点検をしているときに上空を見上げると、ときどき薄いピンクや水色あるいは薄い緑色が混ざっているオーロラを見ることができます。しかし 10000 m以上の上空では、薄い緑色あるいは淡い水色をした単色のオーロラしか見たことがありません。北米上空だけではなくロシア上空でも見ることができますが、まるで風に揺れているカーテンのように動き、雄大な自然に時間が過ぎることを忘れてしまいます。そのアンカレッジ空港を離陸してヨーロッパに向かう便は、北極圏を経由するルート（ポーラー・ルートといいます）を通ります。その昔は、日本からアメリカ東海岸方面やヨーロッパ方面への便は燃料補給のため必ずアンカレッジ経由だったのですが、飛行機の性能向上によりほとんどが直行便になりました。しかし、現在でもアンカレッジ経由でヨーロッパに向かう便はあります。

さて、このポーラー・ルート上では、地図上の北である「真北」と磁石が示す「磁北」の違いを実感できます。磁気コンパス計器と真北を指示する計器の両方を見ていると、それぞれ逆方向の北を指すことがあります。北極点と北磁極の間を通過したからです。そして、それぞれの北を示す計器が刻々と動き、文字通り北の極みであることがわかります。

CHAPTER3

第3章

どのようにして自由に空を飛んでいるのか

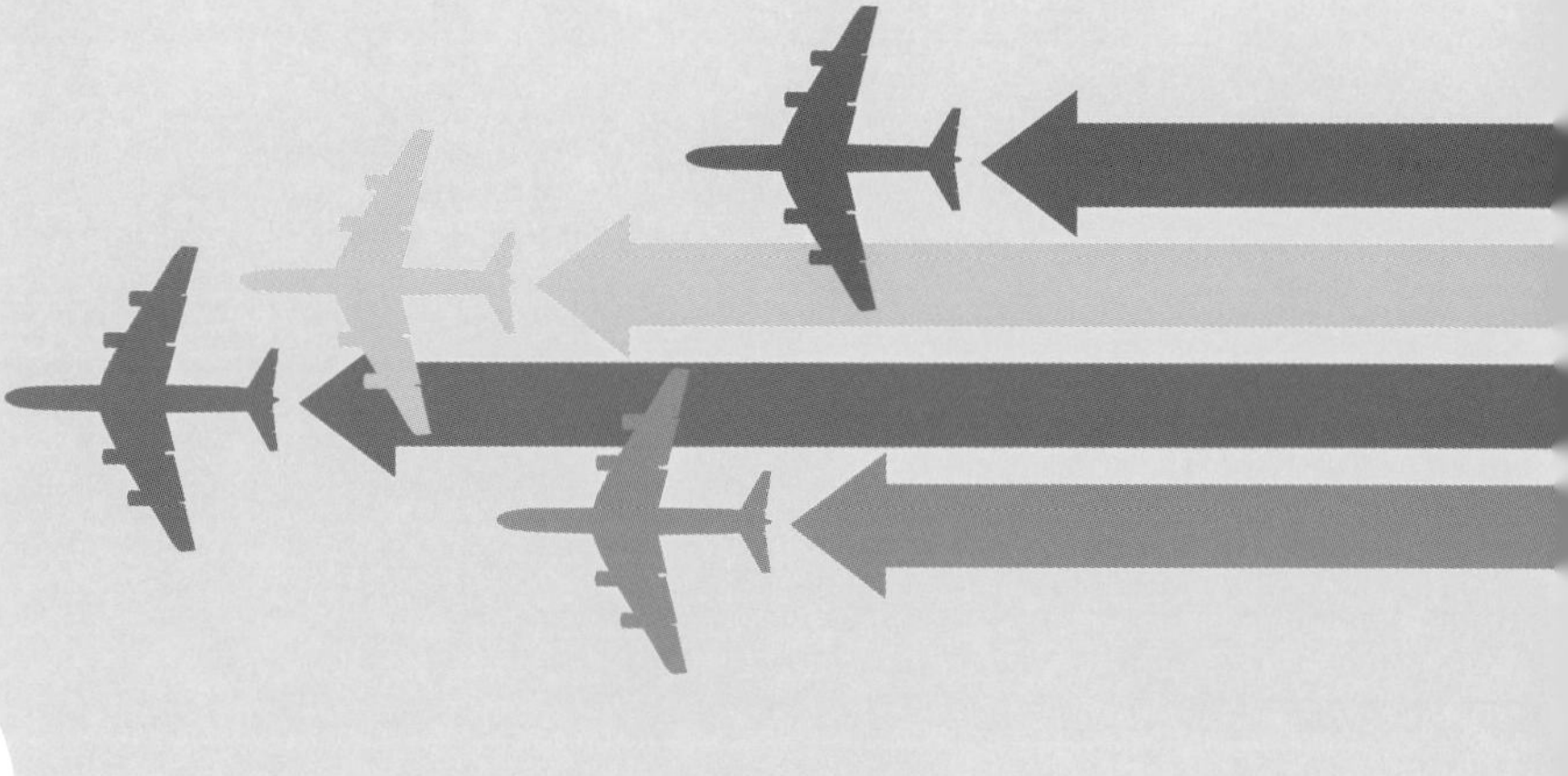

自由に飛ぶための「さまざまな翼」

フラップ、エルロン、エレベーター、ラダー

機内で主翼近くの座席に座ると、エンジンのスタートが終了し飛行機が動き出すとすぐ、床下から「ウィーン」という機械音開こえてきます。離陸に際して必要な、**フラップ**と呼ばれる装置を主翼から出している音です。翼の前から少し出ているのが**前縁フラップ**、翼の後から垂れ下がって出ているのが**後縁フラップ**です。

そして窓からは、他の飛行機の翼にあるさらに小さな翼が動いているのが見えます。まず、**エルロン**と呼ばれる主翼にある補助翼が大きく動いています。次に、水平尾翼にある**エレベーター**（**昇降舵**）、続いて、垂直尾翼にある**ラダー**（**方向舵**）が動きます。

離陸に先立って、それら舵面（動翼、または操縦翼面、英語ではコントロール・サーフィス）と呼ばれている、自由に飛ぶための装置をチェックしているのです。フラップを出した後にチェックする理由は、外側にある低速用のエルロンは、フラップを下げると作動するようになっているからです。フラップは離陸時には揚力を、着陸時には揚力と同時に抗力も大きくする装置です。主翼にあるエルロンは左右に傾くことや曲がるために必要な装置です。

そして、水平尾翼にあるエレベーターは機首を上げて、上昇や減速、機首を下げて降下や増速するためにあり、垂直尾翼にあるラダーは、機首を左右に向けるためにあります。

また、主翼は揚力を発生させて飛行機を支える役割の他にも、横方向の安定のためにも必要です。そして水平尾翼は、エレベーターと協力して縦のバランスを保つため、垂直尾翼は、方向安定のための翼です。

飛行機の各部名称

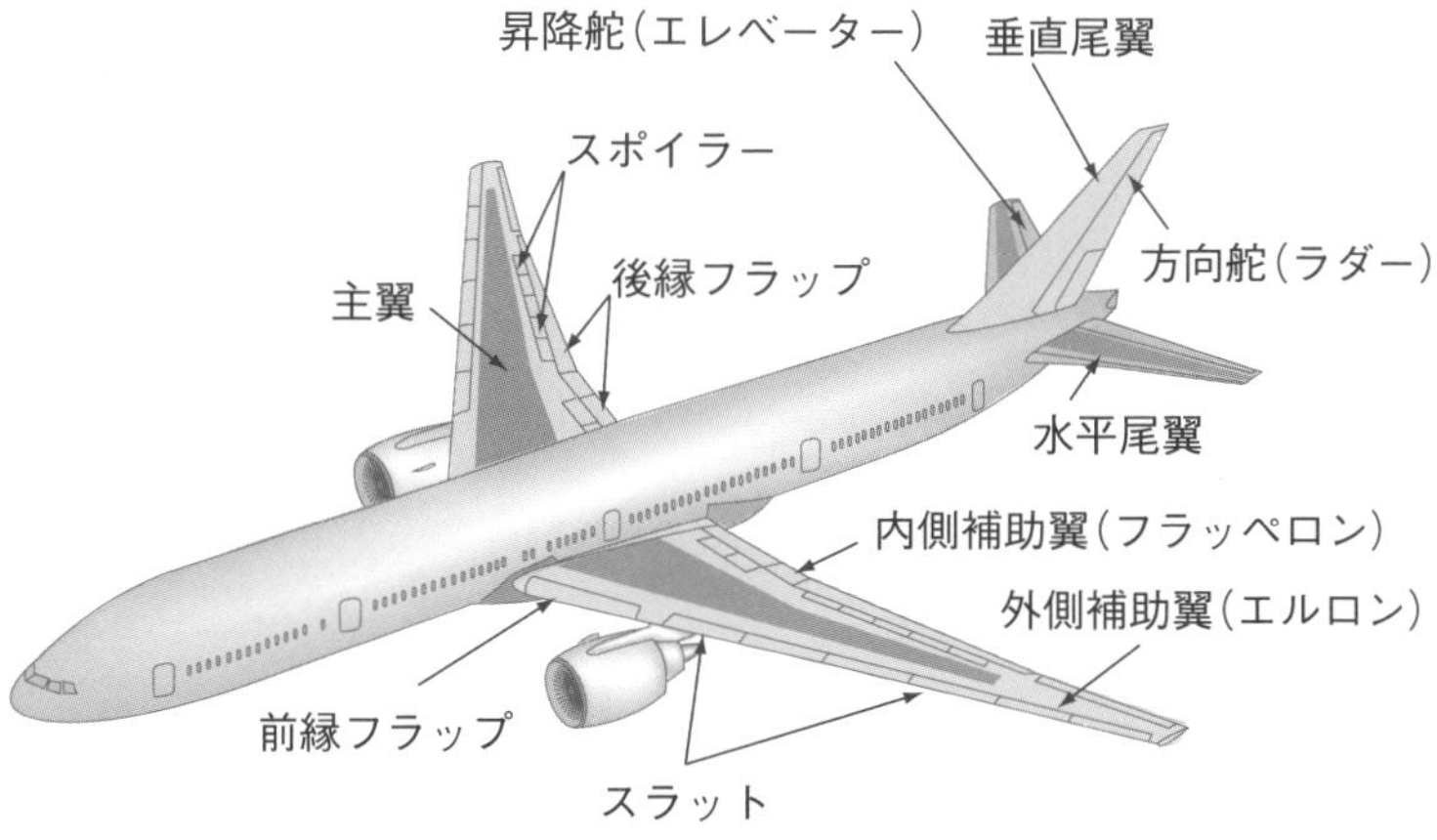

ボーイング777

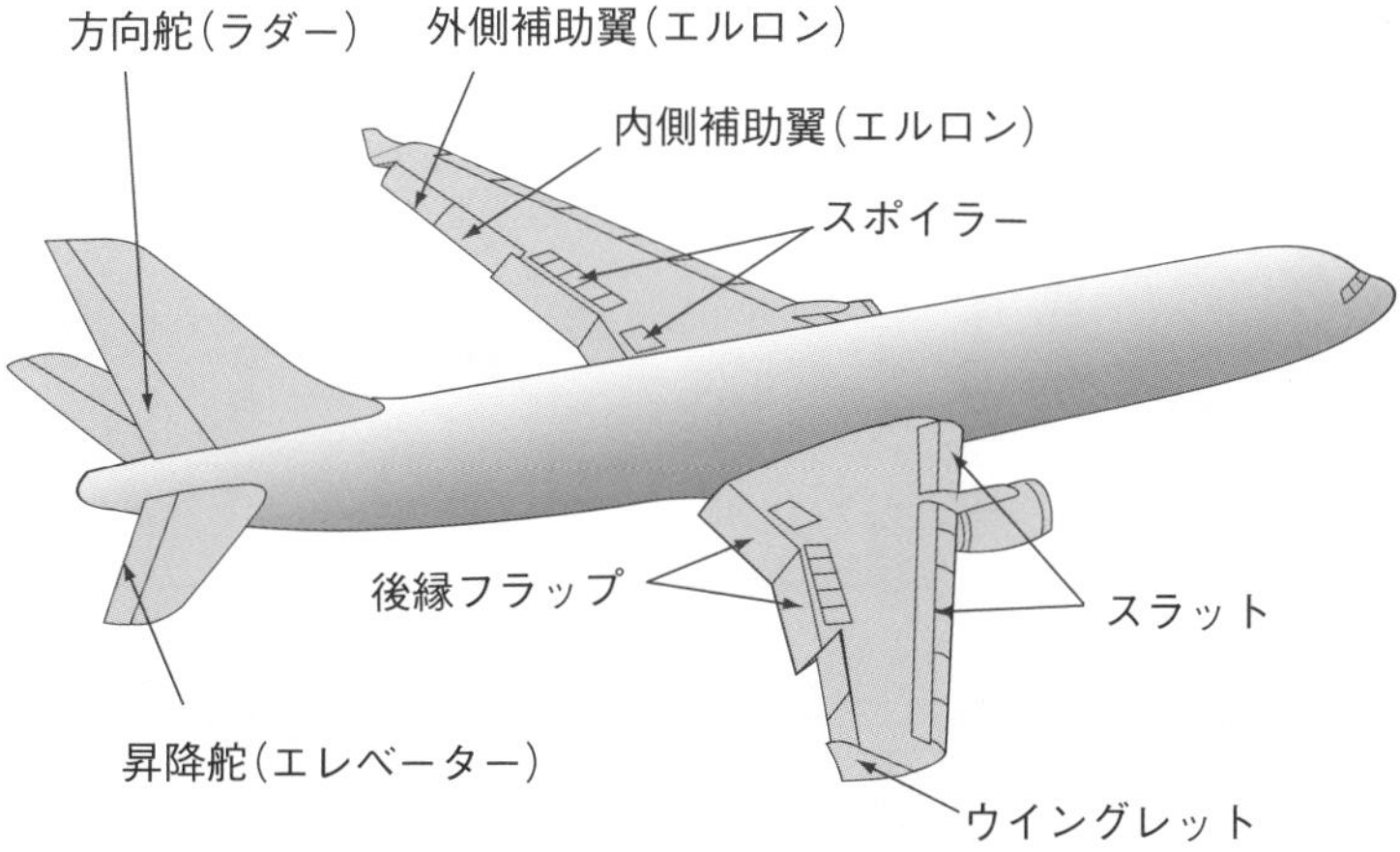

エアバス A330

なぜフラップが必要なのか？

ジェット旅客機は徐行が苦手だった

ジェット旅客機の翼は、速く飛ぶことを考えて小さく薄くつくられています。そのため、徐行はあまり得意ではありません。しかし、離陸や着陸する時には、どうしても減速する必要があります。速い速度だと離陸や着陸の距離が長くなってしまい、滑走路の長さには限度があります。また、たとえ滑走路が無限に長いとしても、飛行機にも限度があります。

例えば、鳥は速い速度で飛び上がるとすると、足が折れてしまう恐れがあります。だからといって、足を丈夫にし過ぎると、ダチョウのように速く走ることはできても、空を飛べない鳥になってしまいます。飛行機の場合も同じです。丈夫で重い脚にするよりも、できる限り減速して離着陸したほうが得策なのです。そのためには、できるだけ遅い速度で、大きな揚力を得る工夫を考えなくてはなりません。その装置がフラップなのです。

フラップとは、「羽ばたき」、あるいは「垂れ下がったもの」といった意味がありますが、日本語訳はなく、そのままフラップと呼んでいます。

揚力を計算する式から、揚力を大きくするには、揚力係数と翼面積を大きくする必要があることがわかりますが、その両方を一挙に解決するのがフラップです。

フラップは、翼面積を大きくしつつ、翼の反り（キャンバ）も大きくすることで、遅い速度でも揚力を大きくできる装置です。

なお、フラップを出すと、揚力とともに抗力も大きくなってしまいます。そこで**揚力だけがほしい離陸の時はほどほどに、揚力と同時に抗力もほしい着陸の時にはたくさん出す**、といった使い方をしています。

なぜフラップが必要なのか

$$L = C_L \cdot \frac{1}{2} \cdot \rho \cdot V^2 \cdot S$$

揚力を大きくする方法
・CL：揚力係数を大きくする
・S：翼面積を大きくする

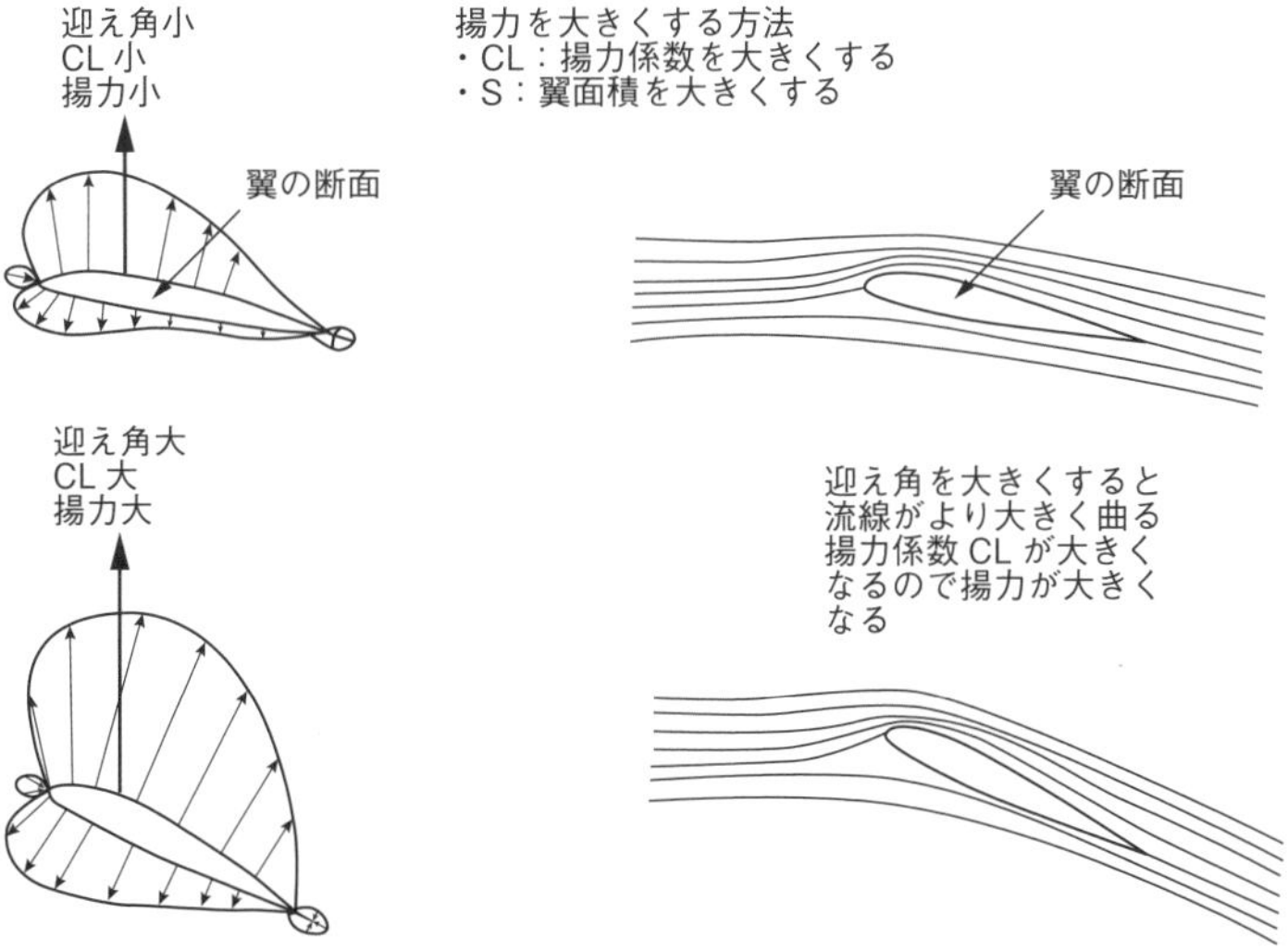
迎え角小
CL 小
揚力小
翼の断面
翼の断面
迎え角大
CL 大
揚力大
迎え角を大きくすると
流線がより大きく曲る
揚力係数 CL が大きく
なるので揚力が大きく
なる

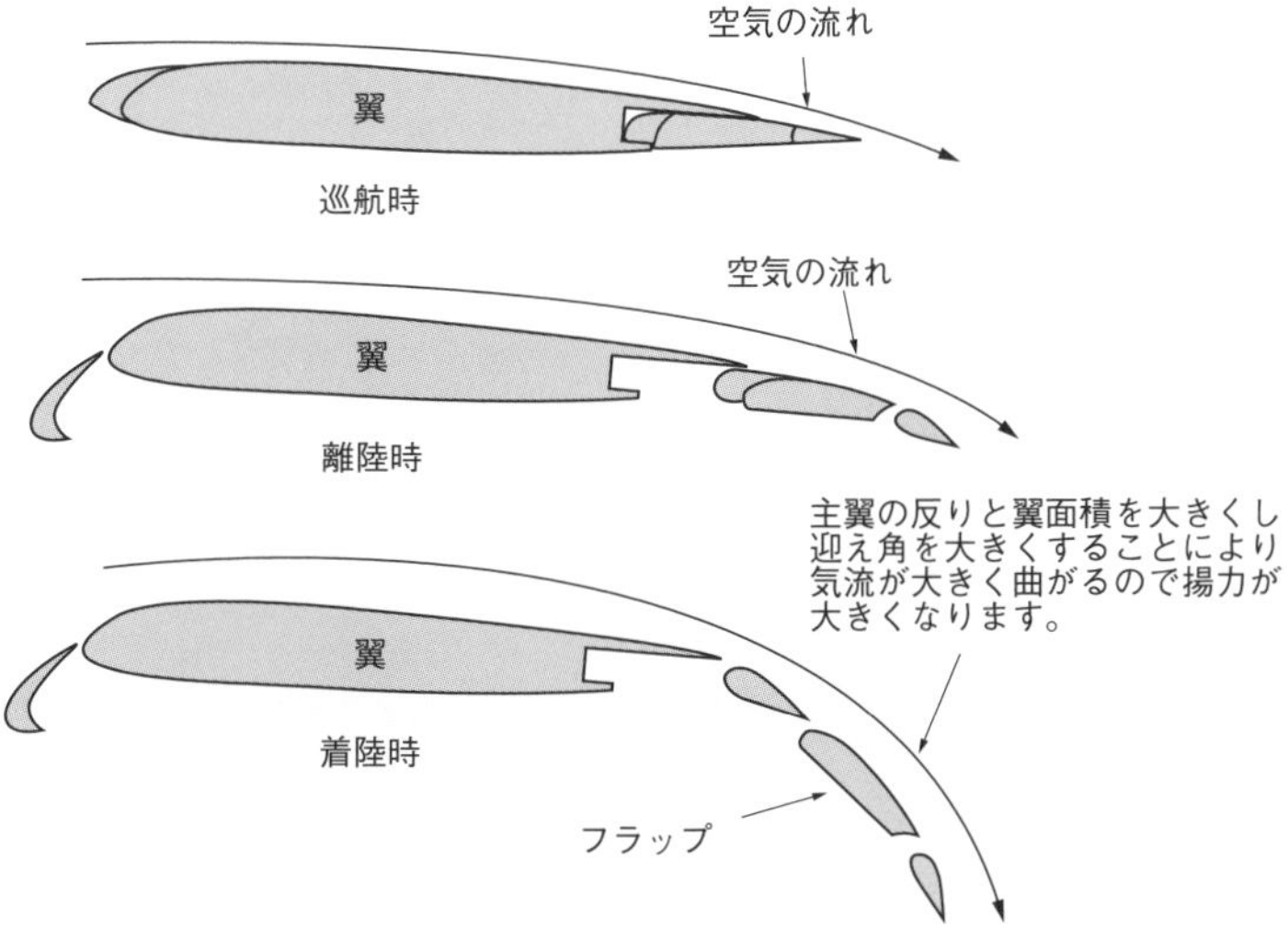
空気の流れ
翼
巡航時
空気の流れ
翼
離陸時
主翼の反りと翼面積を大きくし
迎え角を大きくすることにより
気流が大きく曲がるので揚力が
大きくなります。
翼
着陸時
フラップ

飛行機は主翼だけでは安定して飛べない

水平尾翼と垂直尾翼の大切さとは

飛行機が自由に飛ぶためには、まず基本は、真っ直ぐに安定して飛ぶことができなければなりません。

その役目をするのが、**水平尾翼**と**垂直尾翼**です。それぞれ水平安定版、垂直安定板とも呼ばれているように、飛行機を安定させるための翼です。

まず水平尾翼から調べてみましょう。これまで本書では便宜上、揚力と重力の作用する位置は同じ位置にしていました。が、実際は、**飛行機は重心位置と、揚力が作用する中心位置（風圧中心といいます）は、異なります**。

ジェット旅客機は、乗客や貨物、燃料により重心位置が大きく変化します。それに対応することが重要です。そのため左図にあるように、バランスを取っているのが水平尾翼なのです。

役割はそれだけではありません。突風などで機首が持ち上げられた時、水平尾翼の迎え角が大きくなるので、今までよりも揚力が大きくなり、機首下げの力が作用して、自然ともとの水平に戻すことができます。

垂直尾翼の役割も重要です。突風などにより機首が、例えば左に向いてしまったとします。すると垂直尾翼の迎え角が大きくなるので、揚力が発生し、その力によって自然ともとに戻ることになります。

この現象は、風見鶏の動きに似ていることから、風見効果とも呼んでいます。なお、垂直尾翼は反《そ》りが左右対称です。これは迎え角がゼロの時に揚力を発生させない工夫です。

水平尾翼も垂直尾翼も、パイロットの特別な操作なしに、復元する力を発揮する翼であるといえます。

バランスと安定を保つ役割

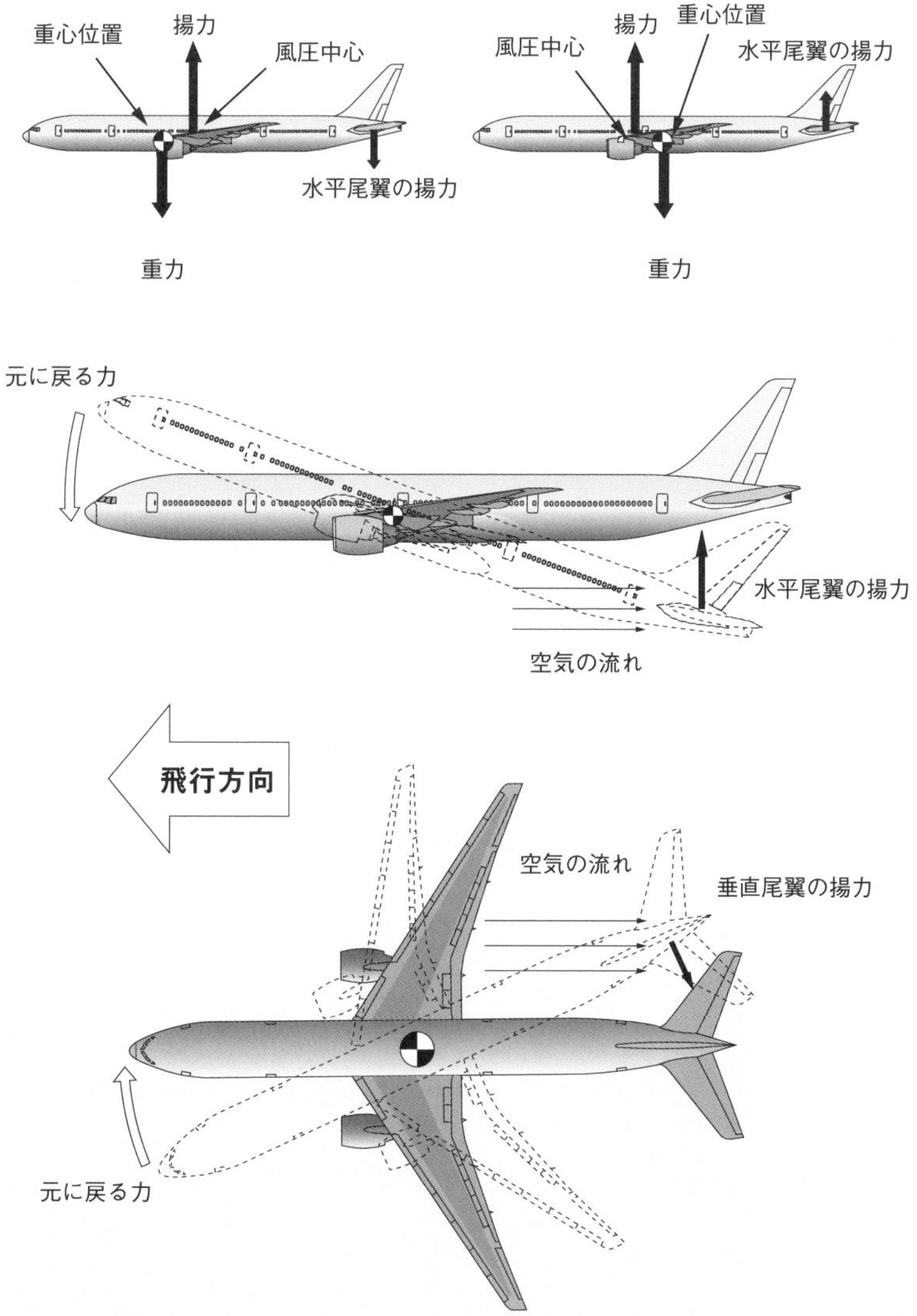

自由に飛ぶための3つの舵と3つの方向

ピッチング、ヨーイング、ローリング

ここでは、飛行機が自由に空を飛ぶための、舵《かじ》と方向の関係を簡単に調べてみましょう。

左図のように、エルロン、エレベーター、ラダーの3つの舵は、3つの方向と密接な関係にあります。水平尾翼の役割は**ピッチング（縦揺れ）**に対する安定、垂直尾翼の役割は**ヨーイング（偏揺《かたゆ》れ）**に対する安定です。

また主翼が上に少し反っていて（**上反角**といいます）、ツバメのように後ろに反っている（**後退角**といいます）のは、**ローリング（横揺れ）**や**横滑《すべ》り**などを防ぐためもあります。

これらの3つの方向に舵を取るには、重心位置を中心に回転させればよいことになります。その回転させる能率を**モーメント**と呼び、

力×距離

と表します。小さな力でも回転の中心から距離があれば、大きな力を発揮できます。単位は仕事をする能力のエネルギーと同じですが、**モーメントは仕事をする能率**と考えることができます。

そして、3つの方向に回転させるモーメントをそれぞれ、ピッチング・モーメント、ローリング・モーメント、ヨーイング・モーメントと呼んでいます。

主翼、水平尾翼、垂直尾翼の3つの翼で、安定して真っ直ぐ飛べる、ということはそのバランスをうまく崩すことで、自由に飛べることになります。実際、鳥は旋回する時は翼を巧みにひねることにより、**翼の反り具合（キャンバ）**を変え、左右の揚力のバランスを崩して方向を変えています。

ライト兄弟の飛行機は、鳥をまねて翼端をひねることによって、方向を変えていました。しかし、その方法だと操縦するには難し過ぎたようです。

3つの舵と3つの方向

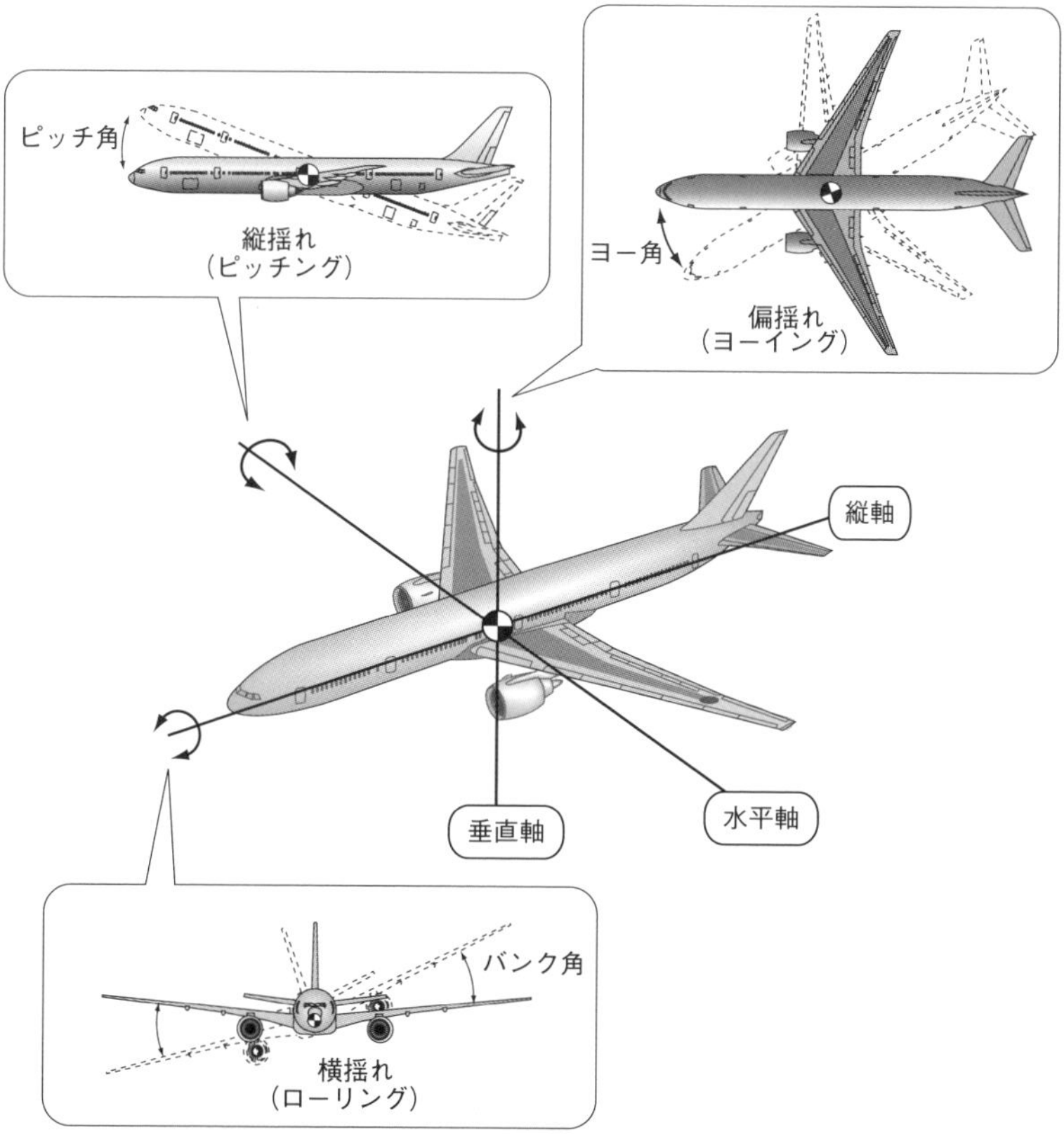

軸	角度	動き	操縦翼面	安定
水平軸	ピッチ角	ピッチング	エレベータ	縦安定
縦軸	バンク角	ローリング	エルロン	横安定
垂直軸	ヨー角	ヨーイング	ラダー	方向安定

補助翼（エルロン）の大切な役割

低速用エルロンと高速用エルロンの違い

　鳥の真似をしないで、飛行機が方向を変える方法は、主翼に小さな動く翼を付けることで解決しました。その小さな翼で主翼の一部のキャンバを変え、揚力の大きさを加減することにより自由に傾けられます。**小さな補助の翼がエルロン**です。例えば**操縦桿《かん》を右に回すと、左図のように左のエルロンが下がり、右のエルロンが上がります**。このように左右逆のキャンバをつくることにより、左翼の揚力が大きくなって、操縦桿を右に回した量に合わせて、ローリング・モーメントが発生し、右にバンクできるのです。

　なお大型ジェット旅客機は、強度上の問題から翼端付近にある**低速用**と、翼中央付近にある**高速用**のエルロンの2つに分かれています。強度の弱い翼端近くにある低速用エルロンは、文字通り低速時のみに作動するエルロンです。

　操縦桿を引くと、エレベーターが上に動き、水平尾翼のキャンバの変化により、下向きの揚力が大きくなります。その結果、重心位置を中心に、上向きのピッチング・モーメントが作用し、操縦桿を引いた量に合わせて、機首が上に向きます。操縦桿を押すと、その逆になります。

　ところで、燃料消費にともなって、重心位置の変動に対応する舵の効《き》きを求めると、大きな舵面《だめん》が必要になってしまいます。しかし水平尾翼を動かして、迎え角を変えれば、エレベーターは小さな翼面でピッチ・コントロールに専念できます。それが**スタビライザー・トリム**という装置で、大型ジェット旅客機の多くがこの方式を採用しています。水平尾翼の迎え角を少し変えるだけで、微妙なピッチング・モーメントのコントロールができ、重心位置の変化にも対応できるのです。

操縦桿を右に回すと

飛行機を後ろから見た場合、何もしない状態での圧力分布

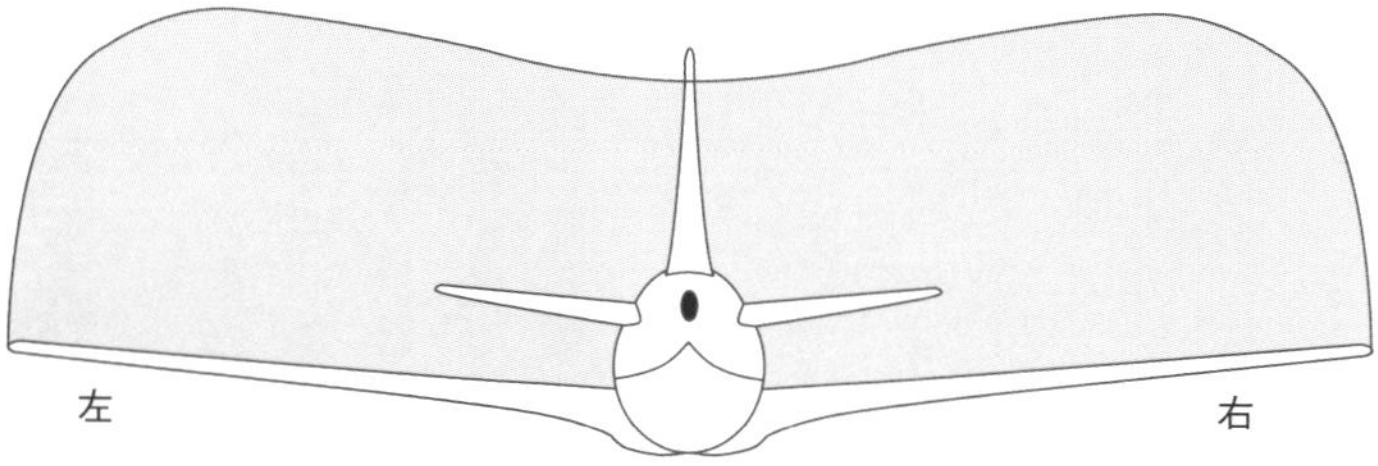

操縦桿を右に回すと…
左エルロンが下がり右エルロンが上がるので圧力分布の変化が起きて時計回りのモーメントが発生し右にバンクします。

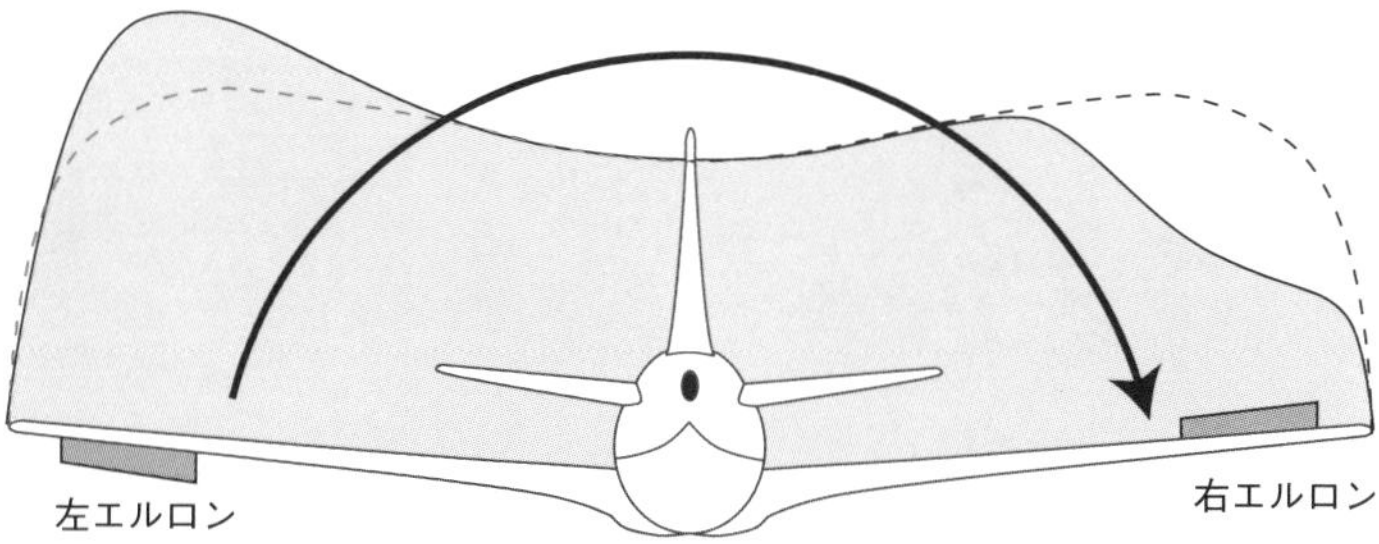

図は、低速用エルロンの例ですが、実際には高速用エルロンも同じように動いています。低速用エルロンのように翼端近くにあると重心位置から距離があるので小さな力でも大きなモーメントが得られる利点があります。しかし、高速になると強度の弱い翼端に大きな負担となってしまいます。そのため高速飛行になると低速用エルロンは作動しません。

ラダーの2つの重要な役割

機首の向きを変えるだけではない「隠れた働き」

右ラダーペダルを踏むと、垂直尾翼の左翼面に揚力が発生し、重心位置を中心に右向きのヨーイング・モーメントが作用して機首が右に向きます。**方向舵はその名から「方向に曲がるための舵」と思われがちですが、あくまでも機首をその方向に向けるだけです**。

というのも機首を曲がる方向に向けても**向心力（中心に向かう力）**が発生しません。旋回するためには、向心力を発生させるため、飛行機が方向を変える側に傾かなければならないのです。ラダーだけでは傾けることができず、ただ旋回するためのお手伝いをしているに過ぎません。

実はラダーには、もっと大切な役割があります。例えば、一番右側のエンジンが故障してしまった場合。左右の推力の差によって、故障したエンジン側に機首を振るヨーイング・モーメントが発生します。そのモーメントを打ち消すのが、ラダーなのです。

右側エンジンが故障してしまった場合には、そのままだと左側のエンジン推力によって、右向きのヨーイング・モーメントが作用し、右に機首が向いてしまいます。そこで、左ラダーペダルを踏み、左向きのヨーイング・モーメントをつくります。そして推力非対称によるモーメントを打ち消すのです。もう1つラダーの「隠れた働き」として、**ヨーダンパー**とよばれる装置があります。

飛行機の墜落をイメージする、**ダッチロール**という状態があります。ローリングやヨーイングを繰り返し、8の字を描くように不安定に飛行することですが、この時、ヨーダンパーはいち早く察知。そして、ラダーに微少な動きをさせることによって、安定させることができます。

ラダーの役割

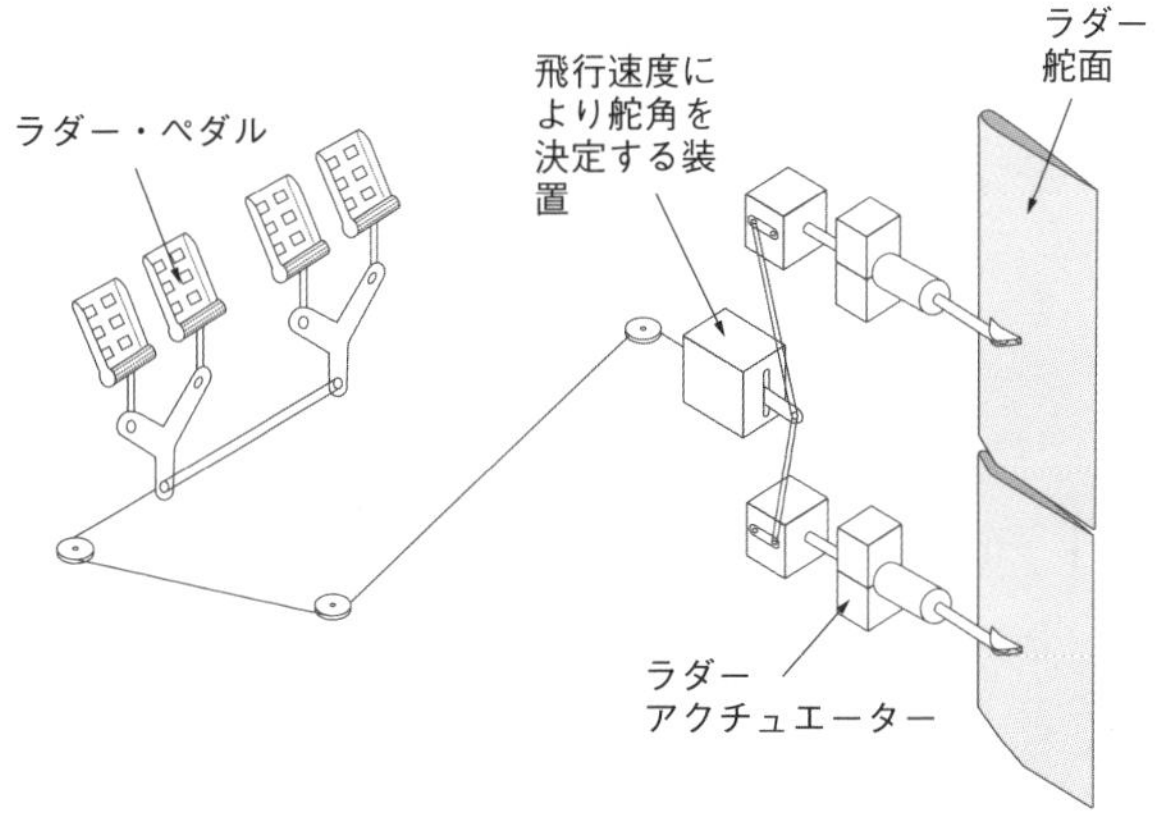

エンジン故障時のラダーの働き

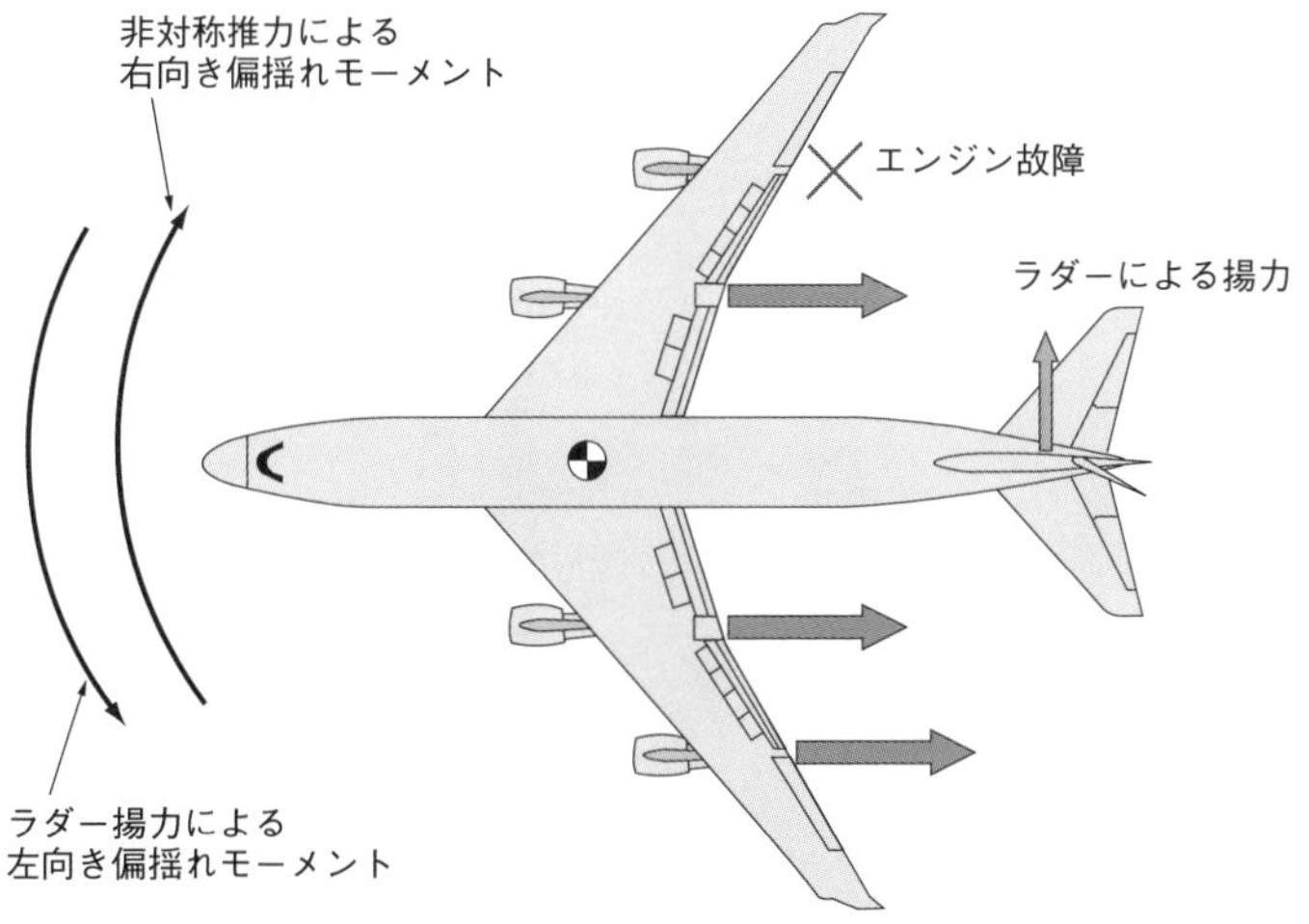

ラダーに発生する揚力により
飛行機は直進できます。

空中で方向を変える時の力の釣り合い

一定の高度を保ちながら旋回するには

鳶《とんび》がくるりと輪を描き飛んでいる様子をよく見ると、身体を傾けながら回っています。

同じように飛行機も、必ず機体を傾けて方向を変えています。空中で曲線を描いて向きを変えることを**旋回**と呼び、円運動の一部として考えることができます。

左図のように、糸をつけた球を回転させた場合、糸が球を引っ張る力（**向心力**）と球が円の外側に行こうとする力（**遠心力**）が釣り合って、円運動します。

糸を持つ手を放せば、釣り合いは崩れて球はどこかに飛んでいってしまいます。つまり向心力がないと円運動はできません。

飛行機の場合も同じで、一定の高度を保ちながら旋回している時の力の関係は、図の通りです。飛行機が傾いたことによってできる、揚力の力が向心力です。この力が糸の代わりに引っ張ってくれるわけです。

つまり**旋回するには、遠心力に釣り合う向心力をつくるため傾き、一定の高度を維持するために見かけの重さと釣り合う揚力をつくる必要があるのです**。

見かけの重さと、実際の重さの比は、**荷重倍数**と呼んでいます。ジェット旅客機が旋回する時、**傾き角度（バンク角）が30度程度**でも、1・15倍の力が作用しています。この力のことを一般的には**G（ジー）**と呼び、1・15Gなどと表しています。

旋回を開始する時に腕を上げると、いつもより重く感じることがあります。腕にも1・15Gが作用したからです。もちろん座席に押し付けられるように感じるのもGによるものです。

空中で方向を変えるには

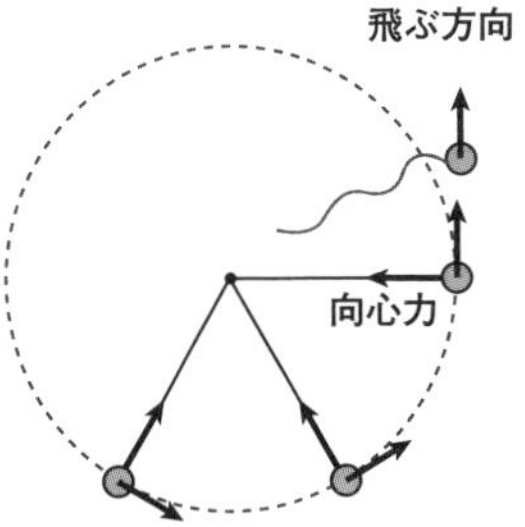

揚力の水平成分と遠心力のバランスが崩れると旋回できなくなります。

揚力は空気の流れに直角に、つまり翼に対して垂直に作用します。
一方、重力は地球の中心に向かっていますので飛行機の重さの向きは変わりません。
そして、見かけの重さは図から

L=（見かけの重さ）
L・cos θ =W

より

（見かけの重さ）＝ $\frac{1}{\cos\theta}$ ×（実際の重さ）

となり、実際の重さよりも重くなります。
たとえば、30°の傾きならば
（見かけの重さ）＝1.15×（実際の重さ）
となります。

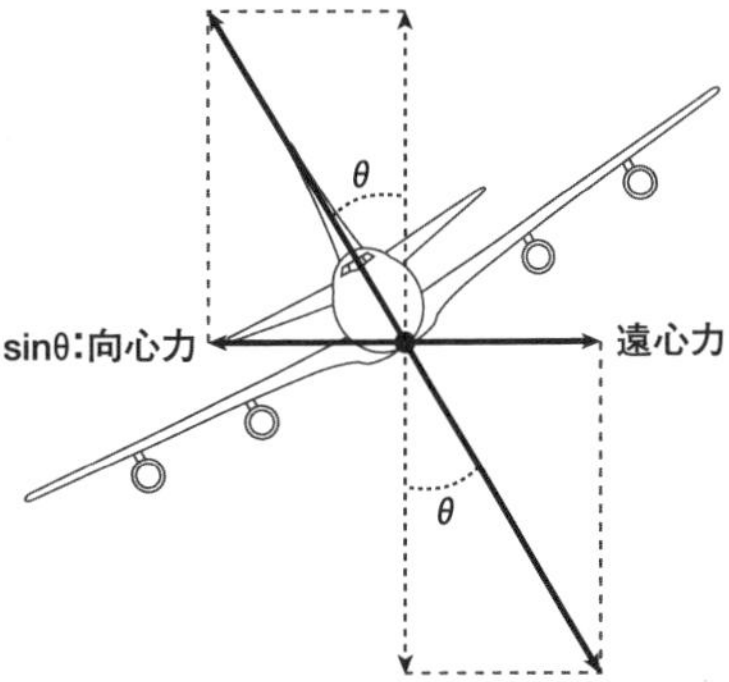

傾きの角度をバンク角と言いますが、バンク角を30°とすると
遠心力（向心力）の大きさ＝390・sin30° ≒6トン
cos30° ＝（飛行機の重さ）/（見かけの重さ）から
（見かけの重さ）＝390/cos30°
＝390×1.15
≒450トン
になります。翼にこれだけの力が作用していることになります。
1/cos θをnで表し荷重倍数と呼んでいます。たとえば30°バンクの場合にはn=1.15になりますが、一般的に1.15 g（ジー）と表現しています。
旋回開始のときに腕を上げてみると1.15gを体験できるかもしれません。

上昇する時の力の釣り合い

エンジンの力によるもので、揚力ではない

自動車で走行中、坂道になるとアクセルを踏み込み、エンジンの回転数を上げなければなりません。飛行機の場合も同じです。上昇する時にはエンジンを最大上昇推力にしなければなりません。ではなぜエンジン推力を大きくしなければならないのでしょうか？

上昇している時の力関係は、左図のようになります。自動車が坂道を登る時、傾くことで増加する抗力のことを**勾配抗力**といいます。自動車が重ければ重いほど、また勾配が急なほど勾配抗力が大きくなることから、高速道路に大型車両のための登坂車線があるのも理解できます。

飛行機も同様に、**上昇のために機首上げ姿勢になると、飛行機の重さの分力（重さからくる力）は進行方向とは逆の力として作用します**。つまり抗力に味方してしまうのです。水平飛行の時よりもその分力のため、大きな推力が必要なのです。飛行機が重ければ重いほど、その分力は大きくなり上昇が遅くなることがわかります。上昇で、エンジンを最大上昇推力にしなければならないことからわかるように、上昇はエンジンの力であり、揚力を大きくして上昇しているのではありません。

もし揚力を大きくして上昇したとすると、エネベーターで上昇する時、体が重く感じるように、重力加速度が作用。つまり1G以上の力が作用するので、乗り心地が悪いし、飛行機に余計な力が作用して強度上問題が起こります。

左図にあるように、上昇では揚力が小さくなります。エンジン推力が揚力の代わりをするからです。もし垂直に上昇するならば、飛行機の重さをエンジンが受け持ち、揚力は必要ありません。

上昇時の力の釣り合い

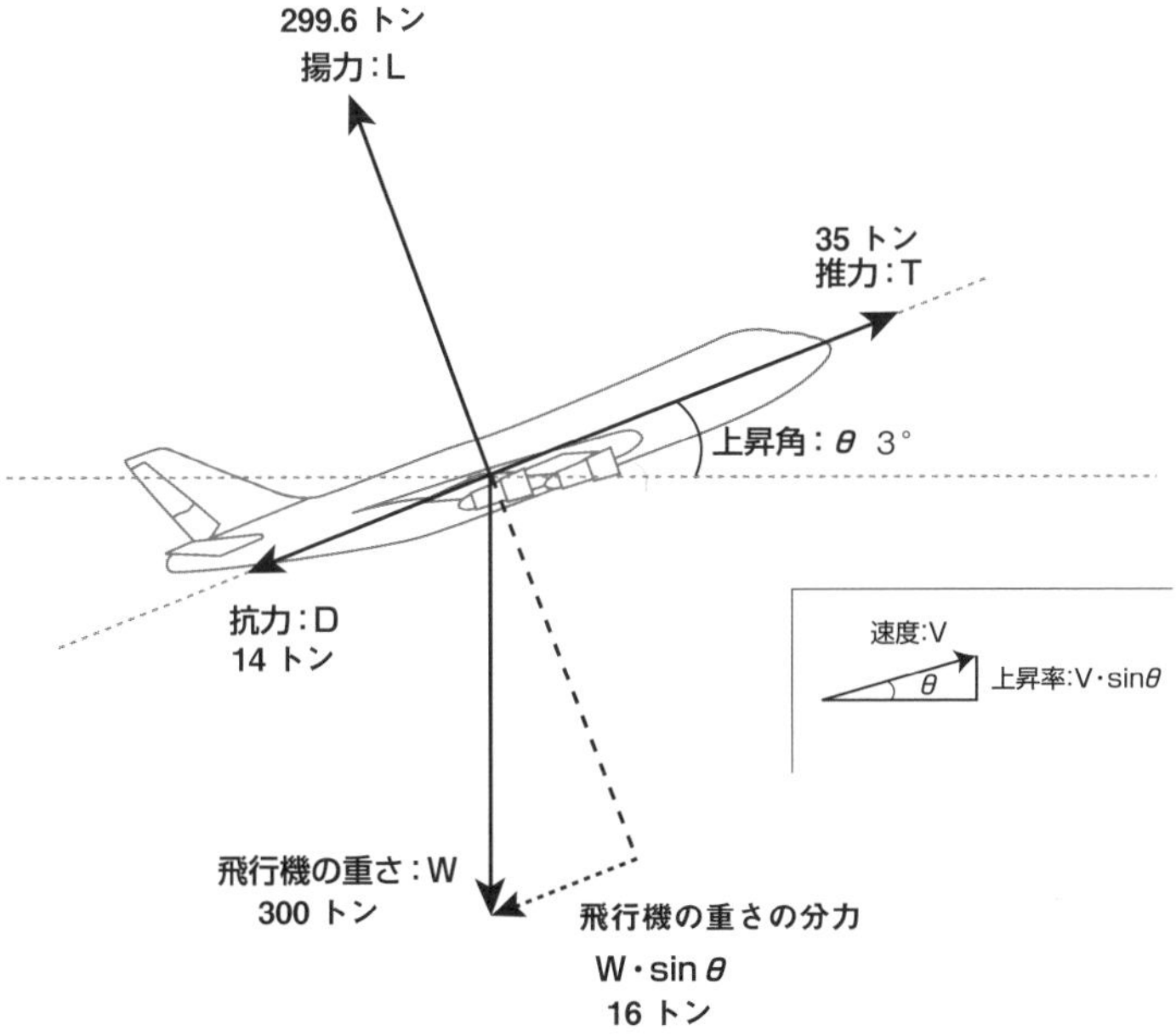

力の釣り合い $T=D+W\cdot\sin\theta$ および上昇率 $V\cdot\sin\theta$ から

$$上昇率=\frac{T-D}{W}\cdot V$$

となります。

重さ 300 トンの飛行機が機種上げ姿勢になることで発生する重力の分力 16 トンは進行方向とは逆向きの力として作用します。これは自動車が坂道を登坂する場合に発生する勾配抵抗と同じです。このため上昇を妨げる力としては抗力 14 トンに重力の分力 16 トンを加えた

　　14＋16=30　トン

となるので、上昇率を得るためには 30 トン以上の推力が必要です。このように推力で上昇しているのであって、揚力を大きくして上昇しているのではありません。

降下する時の力の釣り合い

自分の重さも推力になる

降下する時は、揚力を小さくし、飛行機の重さにまかせて降下しているわけではありません。エンジンの出力を絞り、機首を下げています。飛行機が重いほどゆっくりと降下します。

降下している時の揚力は、上昇する時と同様、翼に直角に作用します。また、飛行機の重さは地球の中心へ向かいますので、左図のような力関係になります。

この図から、**飛行機の重さの分力が推進力となっていることがわかります。上昇の時に抗力となったのとは逆です**。なお、動力のないグライダーは、自分の重さのぶんだけ力を**推力（進行方向に推し進める力）**とし、これを利用し自由に飛ぶことができます。

また降下中、エンジンは**アイドル（緩速運転状態）**ですが、有効となる推力は発生していません。というよりも、自動車が坂を下る時のエンジンブレーキと同じで、進行方向とは逆の力である抗力が働いています。

なぜなら、ジェット・エンジンの**アイドル推力**は、高い高度で速い速度の場合には、噴出ガスの速度のほうが小さく、空気に運動させたことにならないので推力を発生しないのです。

ところで、速度計の指示が同じ状態で降下する場合、飛行機が重ければ重いほどゆっくりと降下するのはなぜでしょうか。

飛行機が重ければ、それを支える揚力も大きくなります。また速度計の指示値が同じならば、動圧は一定なため、それに比例する抗力も一定です。したがって、揚力と抗力との比である揚抗比は、重い時ほど大きくなるので、**揚抗比**の大きなグライダーと同じようにゆっくりと降下するのです。

降下時の力の釣り合い

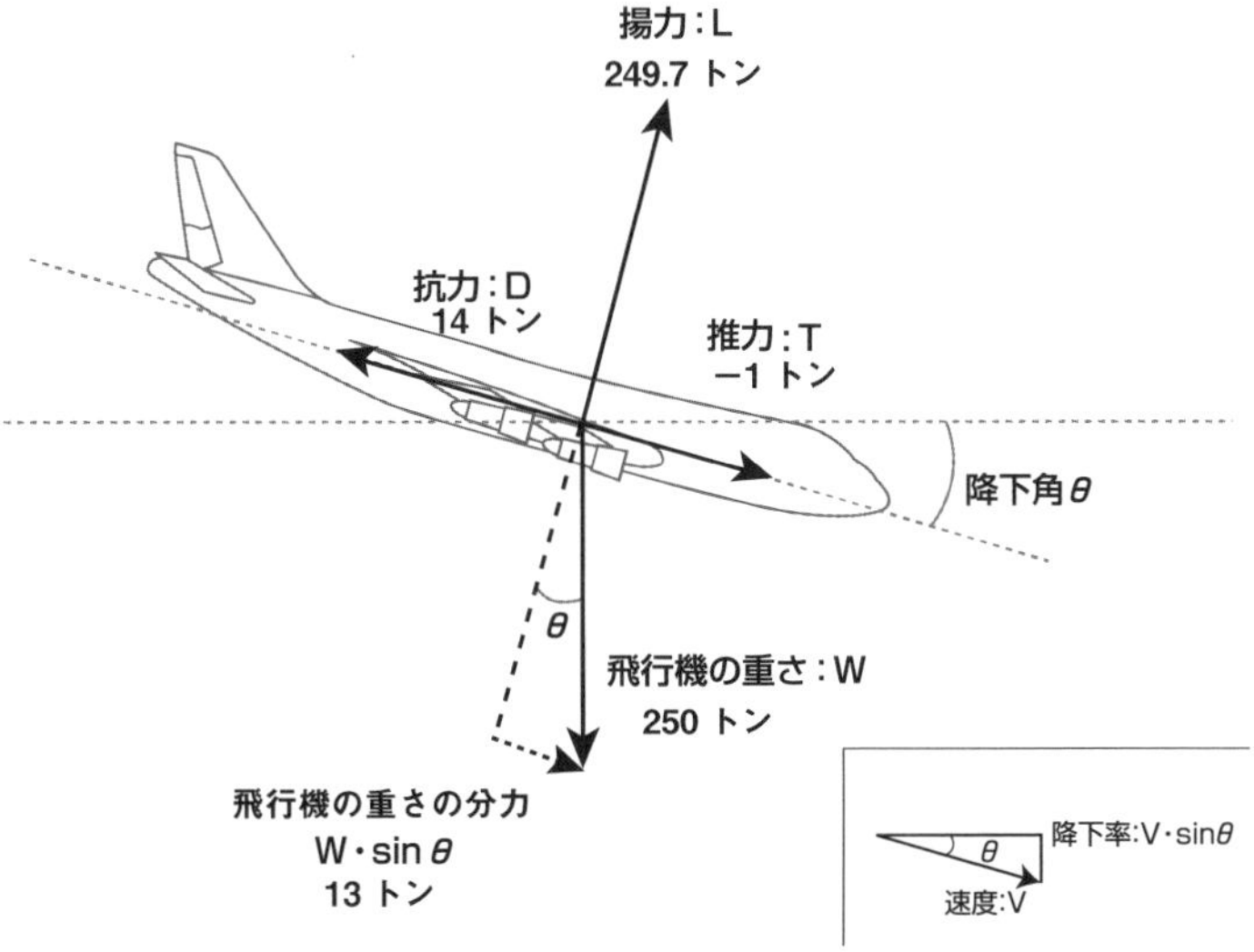

一定の速度で降下してる場合

$D=T+W\cdot\sin\theta$

から

$\sin\theta=\dfrac{D-T}{W}$

降下率 $V\cdot\sin\theta$ から

$降下率=\dfrac{D-T}{W}\cdot V$

となります。

降下時は機首下げ姿勢になることで飛行機の重さ 250 トンの分力 13 トンが前進する力となります。

なお推力がマイナス 1 トンの理由は、アイドル推力では飛行速度以上の速度で噴射できないので、空気に運動させたことにはならないからです。

降下率は抗力と推力の差の大きさにより決まることから、揚力を小さくして降下しているのではないことがわかります。

飛行で動かすパワーとなるものは

大きな舵面を動かす力の源「油圧装置」

大型ジェット旅客機は、舵面が大きく、高速で飛行するため、小型機のようにパイロットの操縦力だけで直接舵面を動かすことはできません。トラックやバスがパワーステアリングなしでタイヤを動かすことができないのと同じです。

飛行の場合に動かすパワーとなるのは、液体が圧縮されない性質を利用して、小さな装置で大きな力を発揮する**油圧装置**と呼ばれているものです。

圧縮されない性質を利用するなら、油でなく水でもよいと思いがちですが、水は物を錆《さ》びつかせる性質があり、外気温度の低い上空では凍ってしまう欠点があるのです。

また油は水に比べて凍りにくいだけではなく軽く、何よりも潤滑油の役目としても働きますのでとても便利です。油圧装置は、エンジンで駆動ポンプで加圧して、血管のように張り巡らしたパイプで筋肉となる**アクチュエーター（駆動装置）**を動かしています。加圧の力は、人間の血圧の約１２００倍、１平方センチメートル当たり約２１０ｋｇです。エアバスＡ３８０やボーイング７８７などは、３５０ｋｇ以上の圧力があります。

左図のように、操縦桿を右に回すと、ケーブルを介して中央制御アクチュエーター（ＣＣＡ）に操縦桿を回した量が伝達されます。ＣＣＡは操縦桿の動きの量に応じて動き、さらにケーブルを介してエルロンを駆動するアクチュエーターに伝達されます。そして、操縦桿の動きに応じたエルロン作動させます。

なお、操縦桿の動きを電気信号に変え、アクチュエーターを電気信号で作動させる方式を**ＦＢＷ（フライ・バイ・ワイヤ）**と呼び、現在の飛行機の主流となっています。

何の力で動かしているのか

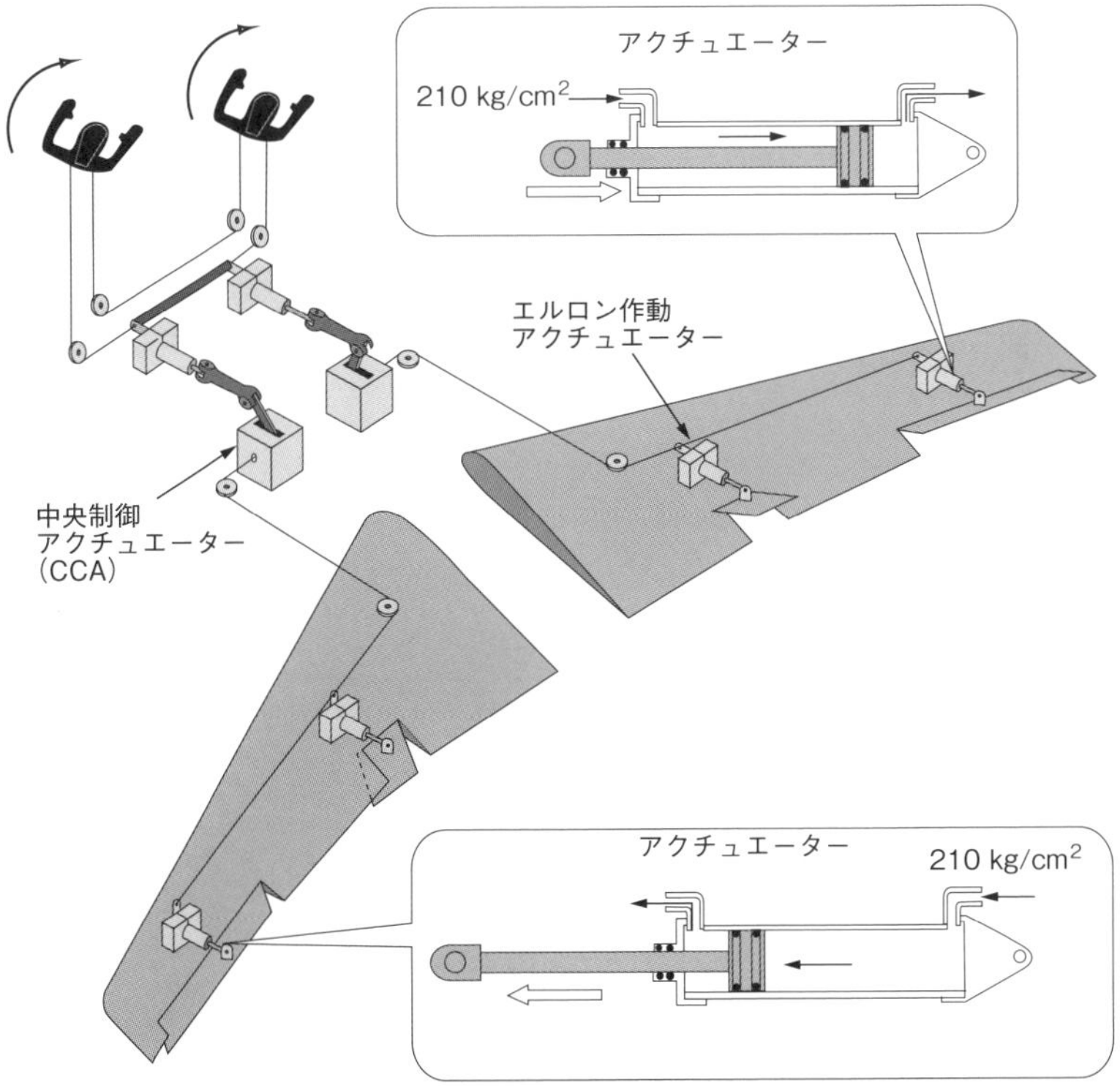

操縦桿を右に回すと左側エルロンのアクチュエーターに油圧装置から作動液が流れ込みアクチュエーターが作動してエルロンを下げます。
右側エルロンのアクチュエーターは逆方向から作動液が入りエルロンを上げる方向に作動します。

パイロットにとって重要な速度とは

動圧を速度に換算する対気速度計

飛行機の速度計は、1時間あたりに地上を移動する距離、つまり**対地速度**を示すものではありません。

というのもパイロットにとって重要なのは、地面ではなく空気との関係が重要だからです。

飛行機が空を飛ぶ時、空気から受ける力である揚力と抗力は、動圧に比例します。もし動圧が小さすぎると失速の恐れがあるし、逆に動圧が大き過ぎると飛行機が壊れてしまう恐れがでてきます。そのため**飛行中は常に動圧の大きさを知っておく必要があります**。

その動圧を測定する装置が**ピトー管**です。**よどみ点**と呼ばれる空気の速度がゼロになると、圧力が増加することを利用してピトー管の先端にある孔《あな》で全圧を測定し、ピトー管の横の孔で静圧を測定しています。

全圧＝動圧＋静圧

なので、

動圧＝全圧－静圧

となり、動圧の大きさ測定することができます。動圧はピトー管にぶつかる空気の速度、言い換えれば、飛行機とすれ違う空気の速度である**真対気速度（TAS）**の速度の二乗に比例します。この真対気速度をもとに目盛りを切れば、動圧計を速度計にすることができます。

ただし、高度により空気密度が変化するため、地上の空気密度を基準にした動圧の大きさと、真対気速度とが一致するように、目盛りが切ってあります。この速度計が指示する速度のことを**指示対気速度（IAS）**といいます。地上では指示対気速度と真対気速度は一致しますが、空気密度が変化する上空ではまったく違った速度となります。

動圧を速度に換算

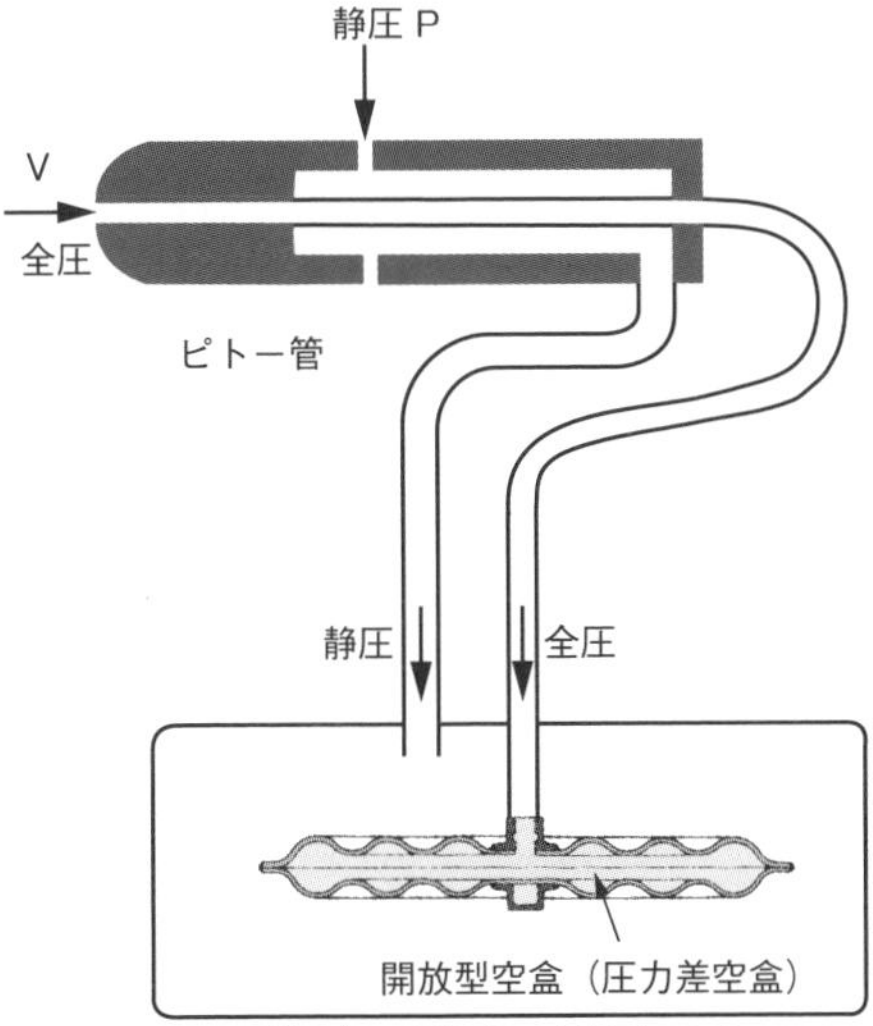

（静圧）＋（動圧）＝（全圧） から
（動圧）＝（全圧）−（静圧） を測定

全圧 $= P + \frac{1}{2}\rho V^2$

V：真対気速度（TAS）

ρ：空気密度

動圧を速度に変換

指示対気速度：250 IAS
真対気速度：350 TAS（648km/h）

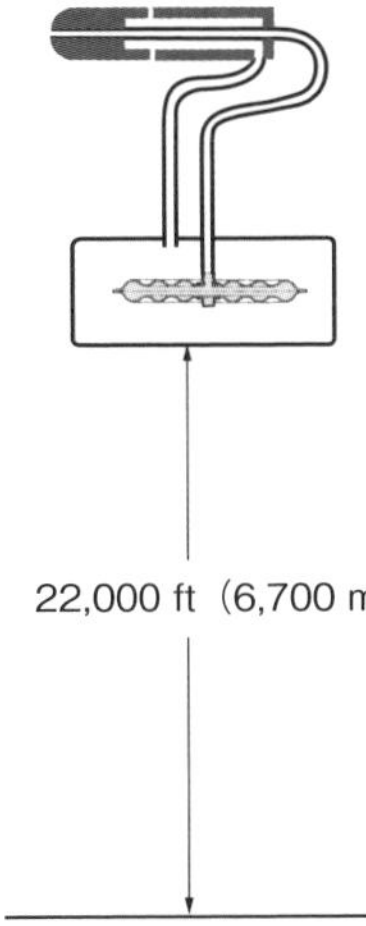

空気密度が 1/2 になると

動圧＝1/2×（空気密度）×（真対気速度）^{2}

から（真対気速度）^{2} を2倍にしなければならないので真対気速度を$\sqrt{2}$倍、つまり 1.4 倍にしなければ同じ動圧を得ることができない。

指示対気速度：250 IAS
真対気速度：250 TAS（463km/h）

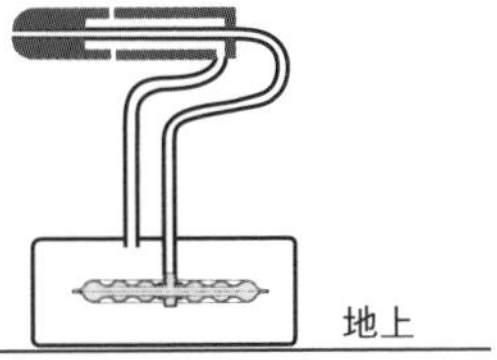

対気速度と対地速度の違い

その他にもいろいろある対気速度

指示対気速度（ＩＡＳ）は、対気速度計が指示する速度で、**真対気速度**（ＴＡＳ）は飛行機が空気とすれ違う速度でした。

真対気速度は、上空が無風状態の場合、ぽっかり浮かんだ雲と雲の間を通過する速度は飛行機の陰が雲の陰の間を通過する速度と同じになります。つまり上空に風がなければ、**真対気速度**と**対地速度**（ＧＳ）は同じになることになります。そして追い風ならば、

対地速度＝真対気速度＋追い風

向い風ならば、

対地速度＝真対気速度－向い風

という関係になります。

指示対気速度の場合は、２つの問題があります。まずはピトー管を飛行機に取り付ける場所の問題です。理想的な場所があっても飛行機の姿勢が変化するので、どうしても誤差が出てしまいます。その誤差を修正した対気速度のことを、**較正対気速度**（ＣＡＳ）といいます。しかし、現在のほとんどのジェット旅客機は、その誤差を修正できるためＩＡＳ＝ＣＡＳとなっています。

もうひとつの問題は、速い飛行速度では空気が圧縮される性質になることです。つまりピトー管に入る空気が圧縮されて圧力が増えるため、動圧が増えたと勘違いして速度を大きく指示してしまうのです。そこで圧縮されない理想的な動圧から割り出した理論上の速度、**等価対気速度**（ＥＡＳ）が考えられ、飛行機の強度や性能計算などに使用されています。

なお実際の運航では、空気が圧縮されるような速度では、音速を基準にして飛行しているのでまったく問題はありません。

真対気速度と対地速度

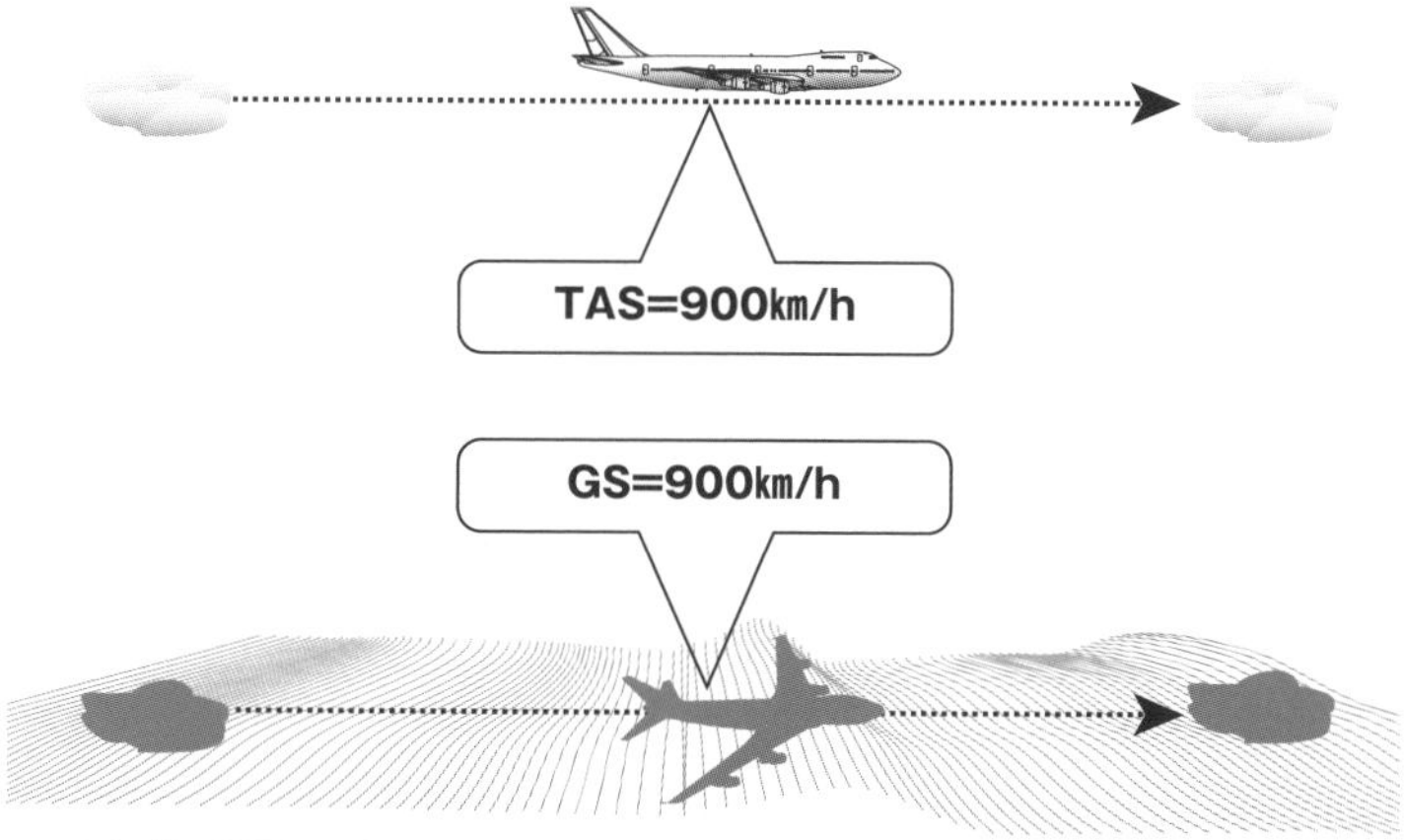

上空が無風状態ならば、上空の雲の間を通過する時間と雲の陰の間を通過する時間が同じです。
つまり、空気に対する速度（TAS）と対地速度（Ground Speed:GS）は同じ速さになります。

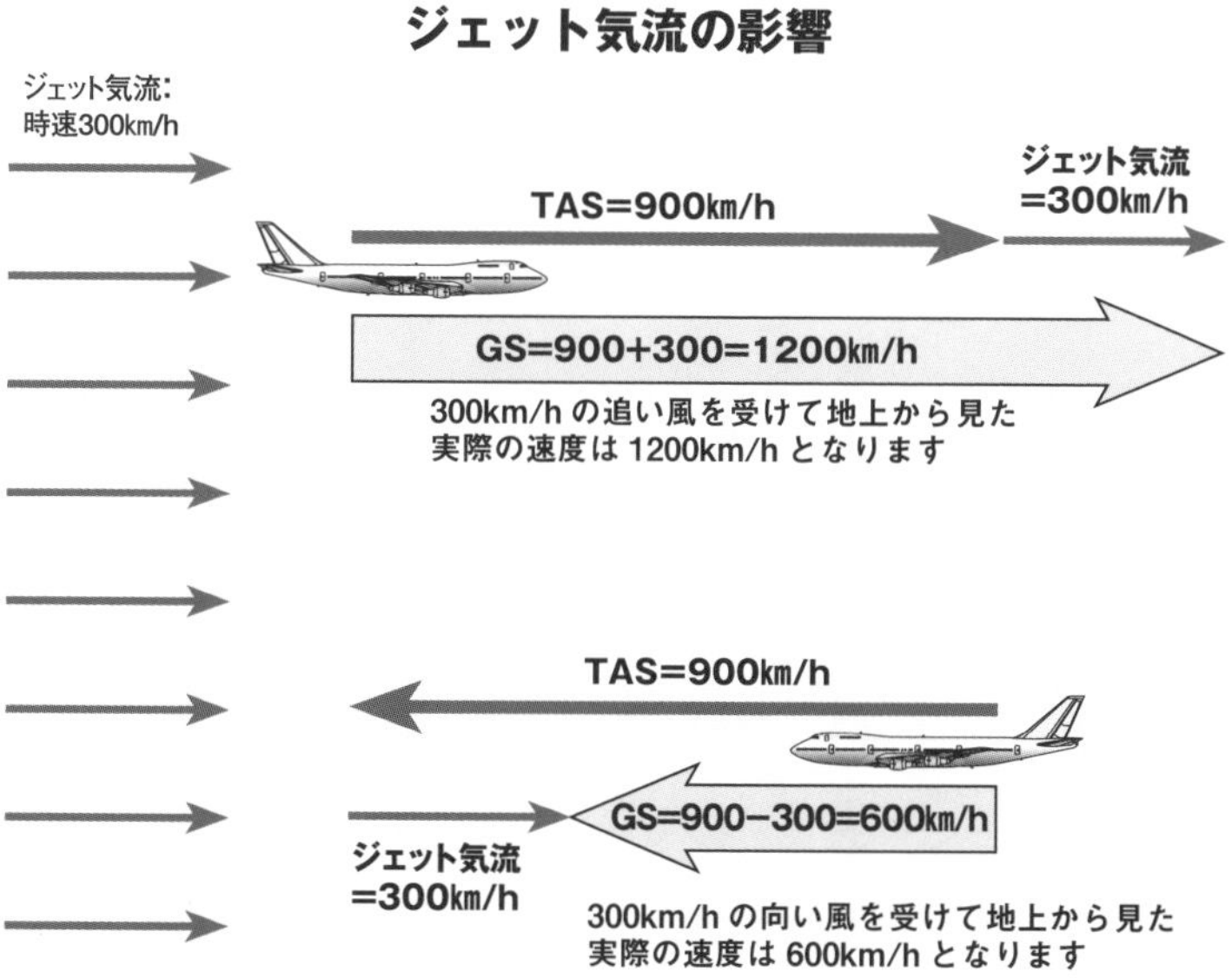

なぜ飛行機の速度と音の速さが関係あるのか

飛行機は空気の波も立てている

飛行機の速度と音に関係があるのは、飛行機が大きな音を出して飛んでいることが原因ではありません。

その関係を調べるために、音がどのようにして空気中を伝わるのかを考えてみましょう。

音といえば雷です。ピカッと光ってから音が聞こえるまでの時間を計れば、雷雲までのおおよその距離がわかります。たとえば、雷光が見えてから音が聞こえるまでの時間を5秒間とすると、

５×３４０＝１７００

から雷雲までの距離は１７００ｍとなります。**音の速さが毎秒３４０ｍで伝わる**ことを利用したものです。ただし、水中での速さは毎秒１５００ｍ、氷の中では３２３０ｍの速さで伝わります。

つまり音の速さは、伝える役割をする媒質の密度により違うことになります。ちなみに光が伝播《でんぱ》するための媒質は、空間そのものと言われています。宇宙空間からの光は地球に届きますが、音は届かないことからも、それは理解できます。

音は、空気中ではわずかな空気圧力（疎密）の変化となり、それが波となって伝わっていく速度が３４０ｍです。ここで注目すべきことは、この波の伝わるメカニズムは、聞こえる音だけのことではないということです。

船が水面に波と立てて進むのと同じように、飛行機が空を飛ぶ時には、実は目に見えない空気の波を立てています。飛行機の前方にある空気の圧力の波が波紋となって、伝わる速度が音速と同じになるのです。飛行機が立てた空気の波は、音速で広がっていきますが、飛行速度が音速に近づくと、圧縮された空気の波が飛行機に大きな影響を与えることになります。

なぜ飛行機の速度と音の速さが関係あるのか

音速＝20.05 √絶対温度 (m/s)

たとえば温度15℃での音速は

音速＝20.05×√273.15+15

≒340 m/s

音の伝わり方

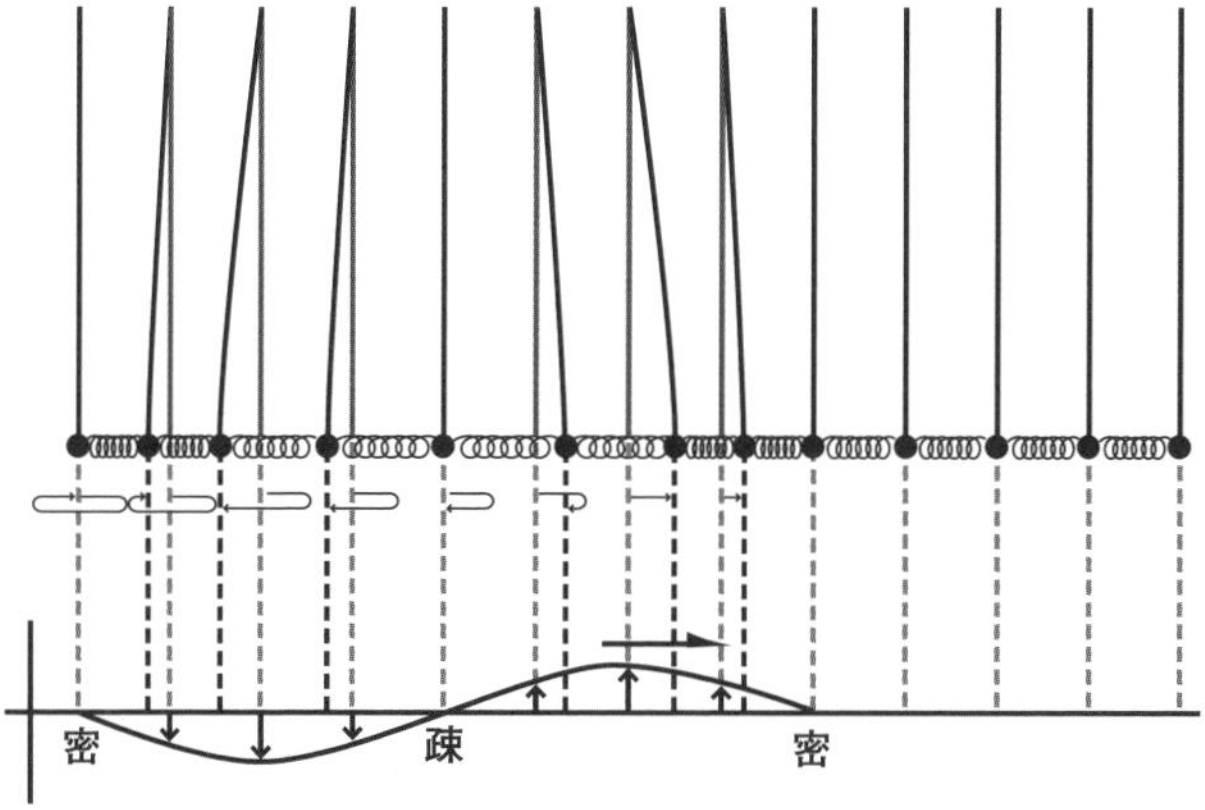

音波は図のように、ものが動いたり振動したりすると周りの空気に疎と密が生じて縦波として四方に伝わっていきます。その速さは、媒質の密度によって決まります。
なお、風の流れは、空気の振動ではないために音とはいいません。

マッハの不思議な世界

飛行機には「音の壁」がある

音速と飛行機の速度との関係を表す単位に、**マッハ数**があります。オーストリア人の物理学者マッハに因《ちな》んでつけられたものですが、飛行機速度と音速との比を表すものとして、左図にあるような式になります。

一般的に頭文字のMを使い、たとえばM0・82などと表現しています。**ただし「比」なので、マッハ数には単位はありません**。

余談ですが、航空界ではマッハではなくマック・ハチニー、またはマック・エイトツーなどと呼んでいます。なぜ英語読みの「マック」と呼ぶかというと、この呼び名のほうが無線交信では聞き取りやすいためです。

さて、飛行機が速い速度で飛ぶことにより進む方向の空気が圧縮され、さらに前方へとその圧縮された空気が波となって伝わっていきます。その伝わる速さは、音が空気の中を伝わる速度つまり音速と同じでした。飛行速度がその波の速さよりも遅い場合には図②、波とちょうど同じ速さになると図③、波よりも速く飛ぶと図④のようになります。

この図から、ちょうど波の速さになると圧縮された空気の波の束《たば》ができますが、これが**衝撃波**です。そして波の速さ（つまり音速）を境にして、空気の流れ方が大きく違うことがわかります。

このように**音速を境にして、衝撃波が発生したり、空気の流れ方が違ってしまったりするため、飛行機が高速になると音速を基準にしたマッハ数、Mを採用しているのです**。

飛行機にとって、このような「音の壁」があるため、現在のジェット旅客機はマッハ0・8前後で飛行しています。

マッハの不思議な世界

$$\text{マッハ数} = \frac{\text{（飛行機の真対気速度）}}{\text{（飛行機が飛んでいる高度の音速）}}$$

波が伝わる速さと飛行機の速さ

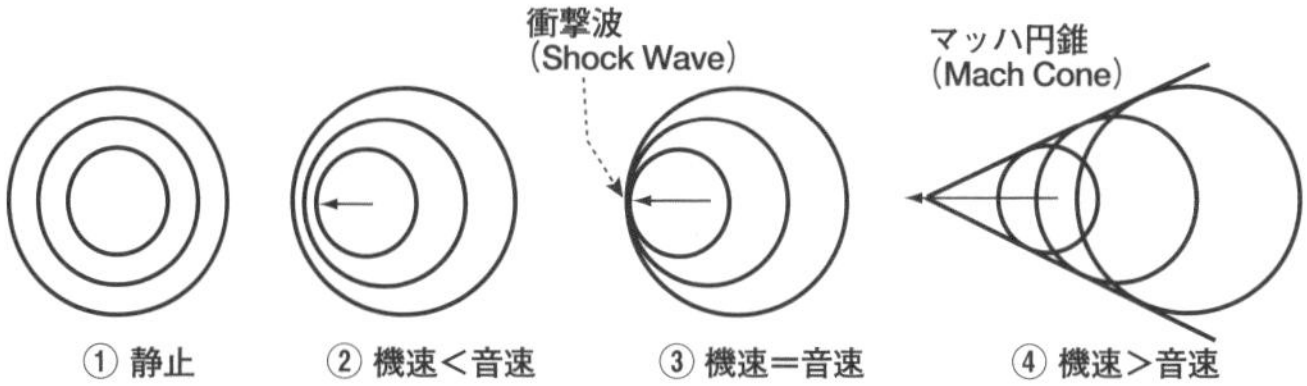

水面で実験してみると

①静かな水面に水滴を垂らすと波紋が広がっていきます
②ゆっくりと動かしながら垂らす
③波紋が広がる速さと同じ速さで動かしながら垂らす
④波紋よりも速く動かしながら垂らす

音速を超えると

（1）M＜1（亜音速）領域の流れ

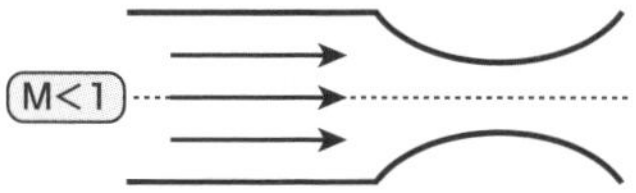

速度：増加 → 減少
圧力：減少 → 増加
密度：減少 → 増加
温度：減少 → 増加

（2）M＞1（超音速）領域の流れ

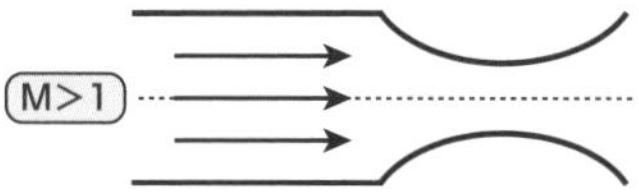

速度：減少 → 増加
圧力：増加 → 減少
密度：増加 → 減少
温度：増加 → 減少

ジェット・エンジンのガス排気口が絞ってあるのに対して、ロケット・エンジンのガス排出口が広がっているのは、音速を超えて噴出しているからです。

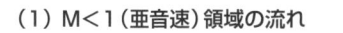

臨界マッハ数とバフェット

衝撃波の発生で起こる失速に対応するには？

「音の壁」の手前となるマッハ1前後は、機体の中で、音速を超える場所と超えていない場所が混在してしまい、面倒な速度領域となっています。

例えば、左図の例であれば、飛行速度がマッハ0・86であっても、翼の上面を流れる空気の速度は音速になっています。このように飛行速度がマッハ1でなくても、翼上面が音速を超えてしまう飛行速度を**臨界マッハ数**と呼んでいます。

そして臨界マッハ数を超えるマッハ数、例えばマッハ0・88になると、音速を超えた後に再び音速になるような場所ができます。そこに衝撃波が発生するのです。

衝撃波が発生すると、抗力が急に増えるだけではなく、翼から剥離《はくり》してしまった空気が尾翼や機体をたたくことで、「ド、ド、ド、ドッ」と音を立てて、機体全体が振動する**バフェット**（日本語訳はなく、意味は「荒波にもまれる」）と呼ばれる現象が起こります。

このまま放置していると、機体の振動が激しくなるだけではなく、翼から空気の剥離も激しくなって翼が発生する揚力だけでは飛行機の重さを支えきれなくなります。この現象が、いわゆる**失速**という状態です。この失速のことを、**衝撃波失速（ショック・ストール）**と呼んでいますが、揚力を得ようと迎え角を増すと、さらに翼から空気の剥離が起き、さらに深い失速に陥ることもあります。**バフェットが発生した場合には、飛行高度を下げることが一番の得策**です。

以上のことは、**高度に関係なく同じマッハ数で起こりますので、対気速度計と同じようにマッハ計は、パイロットにとってはなくてはならない計器**となっています。

バフェットが発生するのは？

M＝1のときを音速（Sonic）、M＜1の領域を亜音速（Subsonic）、M＞1を超音速（Supersonic）、M＞5以上になると極超音速（Hypersonic）と呼んでいます。とくに、面倒な速度領域であるM＝0.8～1.2を遷音速《せんおんそく》（Transonic）と呼んでいます。

臨界マッハ数

飛行機の一部がマッハ 1.0 を超えるような飛行マッハ数

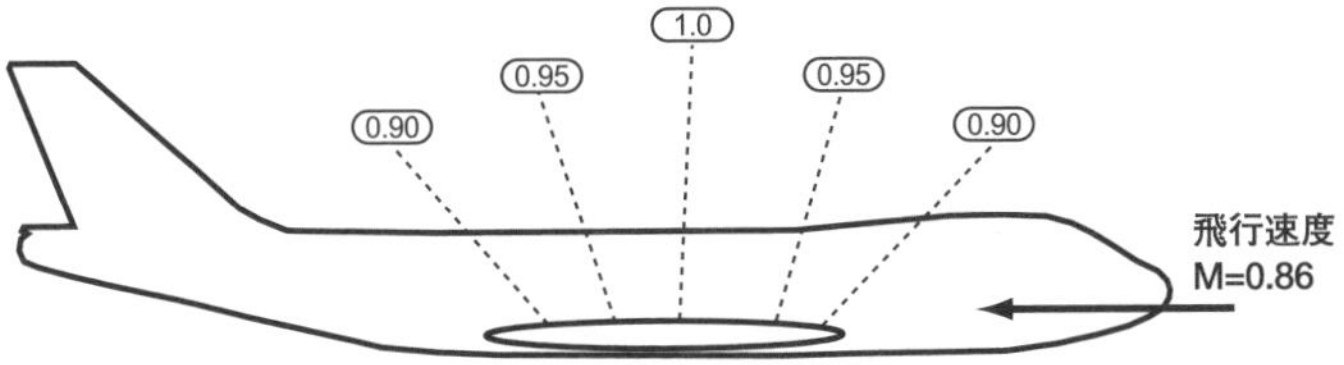

臨界マッハ数 M＝0.86

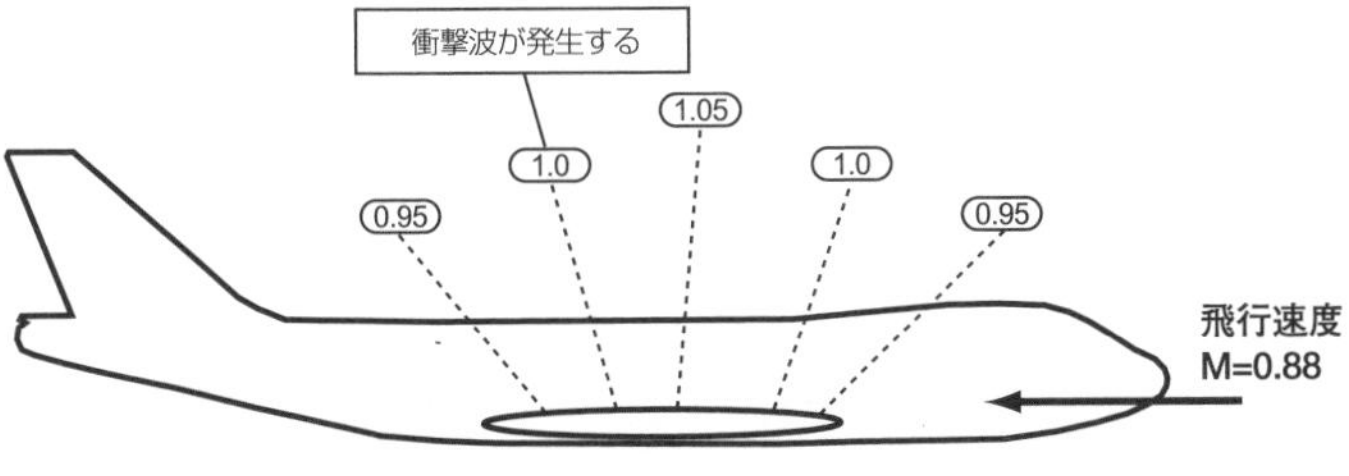

飛行速度が臨界マッハ数を超えると M>1 となる場所ができ衝撃波が発生します。主翼に衝撃波が発生すると、主翼を流れる空気が剥離します。その剥離した大きなエネルギーを持つ空気が機体後部を振動させるバフェットと呼ばれる現象が発生します。このバフェットは衝撃波失速の前触れなので、臨界マッハ数以上では絶対に飛行しません。

飛んでいる高さがわかる装置

気圧高度計について

飛行機の高度計は、気圧を基準にして測定しています。その仕組みを調べてみましょう。

気圧は空気の重さなので、地面に近いほうが必ず気圧が大きい、高度を測るには都合のよい性質があります。例えば1000mと5000mの気圧差は、その間にある空気の重さと釣り合っていることになります。

地上では**水銀柱（水銀を使った圧力計）**の高さは760㎜。1000mの高さでは、空気の重さはそのぶんだけ軽くなるので、水銀柱は674㎜と低くなります。同じように2000mでは597㎜と、高くなるにつれて水銀柱が低くなるので、そこに目盛りをつければ立派な高度計になります。つまり一般にある気圧計に高度の目盛りをつければ、そのまま高度計に利用することができます。

もちろん飛行機の高度計は水銀を利用したものではありません。その代表的な例が、**アネロイド**と呼ばれるもので、内部は真空のカプセルの一部を気圧変化に敏感に反応させ、変形するように加工し、その膨らみ具合（6000mで2㎜程度）から高度を算出しています。計器そのものに入るくらい小型軽量なので、飛行機にはもってこいの性質です。アネロイドのことを日本語では**空盒**《くうごう》といい、空盒を使用した速度計、高度計などを**空盒計器**と呼んでいます。

しかし現在では空盒ではなく電気的に気圧を測定する**エアデータ・モジュール**と呼ばれる装置で測定しています。その結果、全圧や静圧をそのまま送る配管が電気的な配線に変わり、軽量化が実現しただけではなく、精度も格段に向上しました。

どうやって自分の飛んでいる高さがわかるのか

水銀柱に目盛りをつけると高度計になる

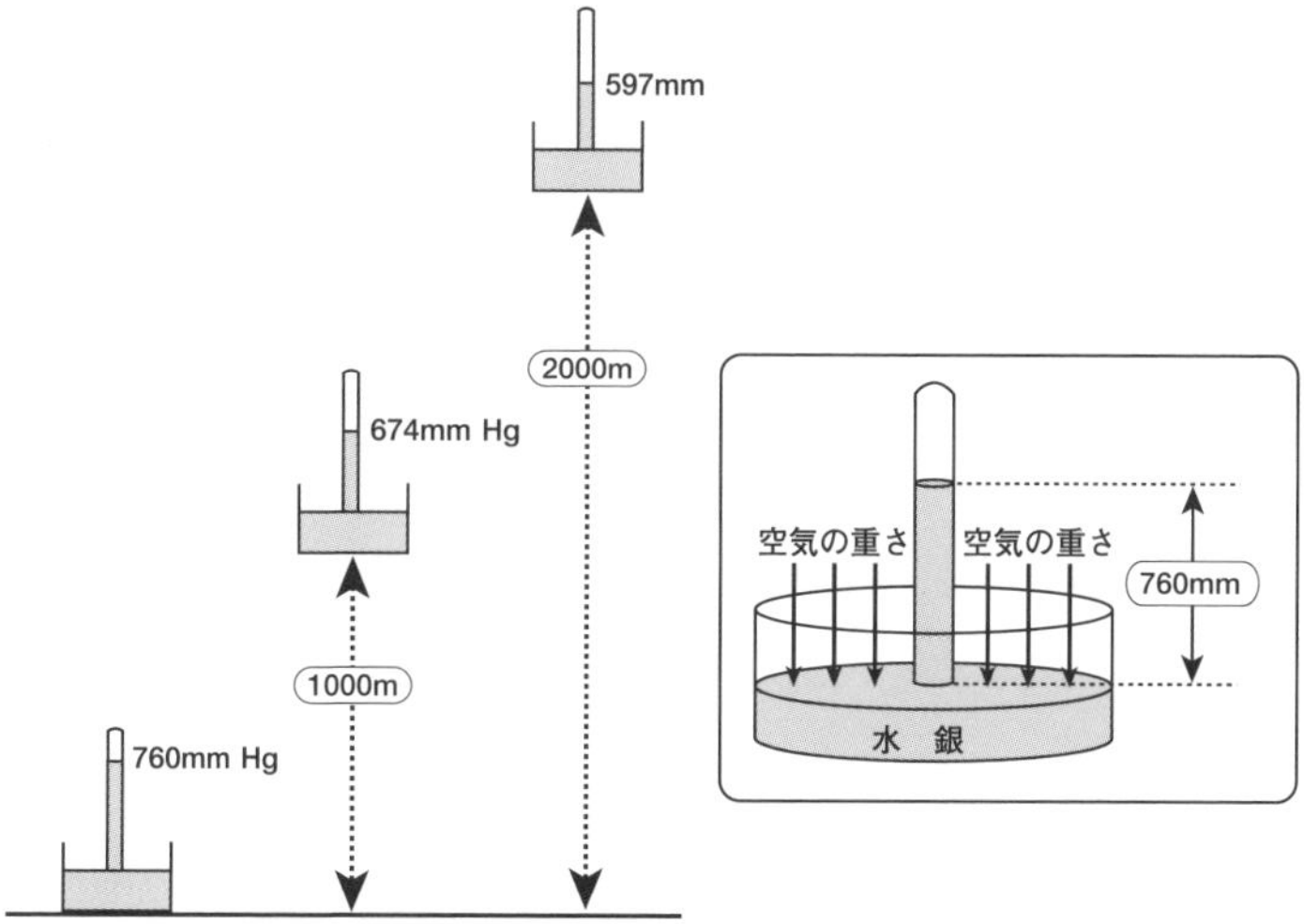

高度計と速度計の違い

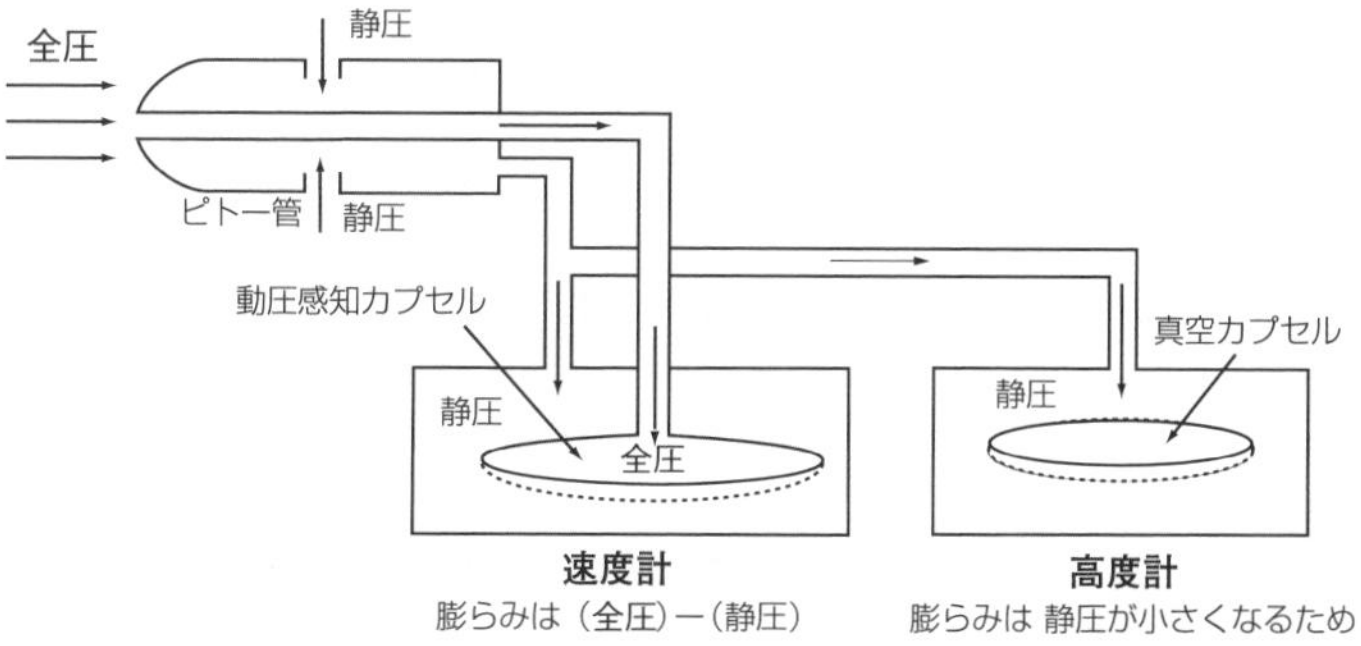

気圧高度計は規正しなければならない

地上はいつも1気圧だとは限らない

気圧高度計は、地上の気圧が1気圧であることを前提にして、目盛が切ってあるため、地上が1気圧でないと気圧高度計としては正しい高度を指示することができません。

そのため、気圧高度計の原点を補正する必要があります。気圧高度計を補正する方法のことを、**高度計規正（アルティメタセッティング）**といい、Qコードを使用した、**QNH、QNE、QNF**の3つの方法があります。

QNHは、離着陸する空港の標高を表示するように気圧をセットする方法です。例えば、広島空港は標高1072フィート（327m）ありますが、QNHをセットすることで離陸する時の気圧高度計は、1072フィートを指示します。離陸後は、平均海面からの実際の高度となります。

離陸後、高度14000フィート以上になるとQNEにセットします。QNEは海面上の気圧を1気圧と仮定した方法で、**日本では14000フィート（約4300m）以上、あるいは洋上（洋上では気圧を通報してくれる人がいないため）になると、1013.2ヘクトパスカル（hPa）（29・92in）をセットしています**。

なおQNEにセットした状態で、例えば気圧高度計が15000フィートを指示している場合には、100フィート単位の数値のみで「フライトレベル150」と表現しています。

QNFは、日本では使用されていません。この方法は、離着陸する場合に滑走路上で気圧高度計がゼロを指示するように、滑走路面の気圧をセットする方法です。したがって離陸後は滑走路面からの高度を指示しており、実際の高度を指示するものではありません。

気圧高度計は規正しなければならない

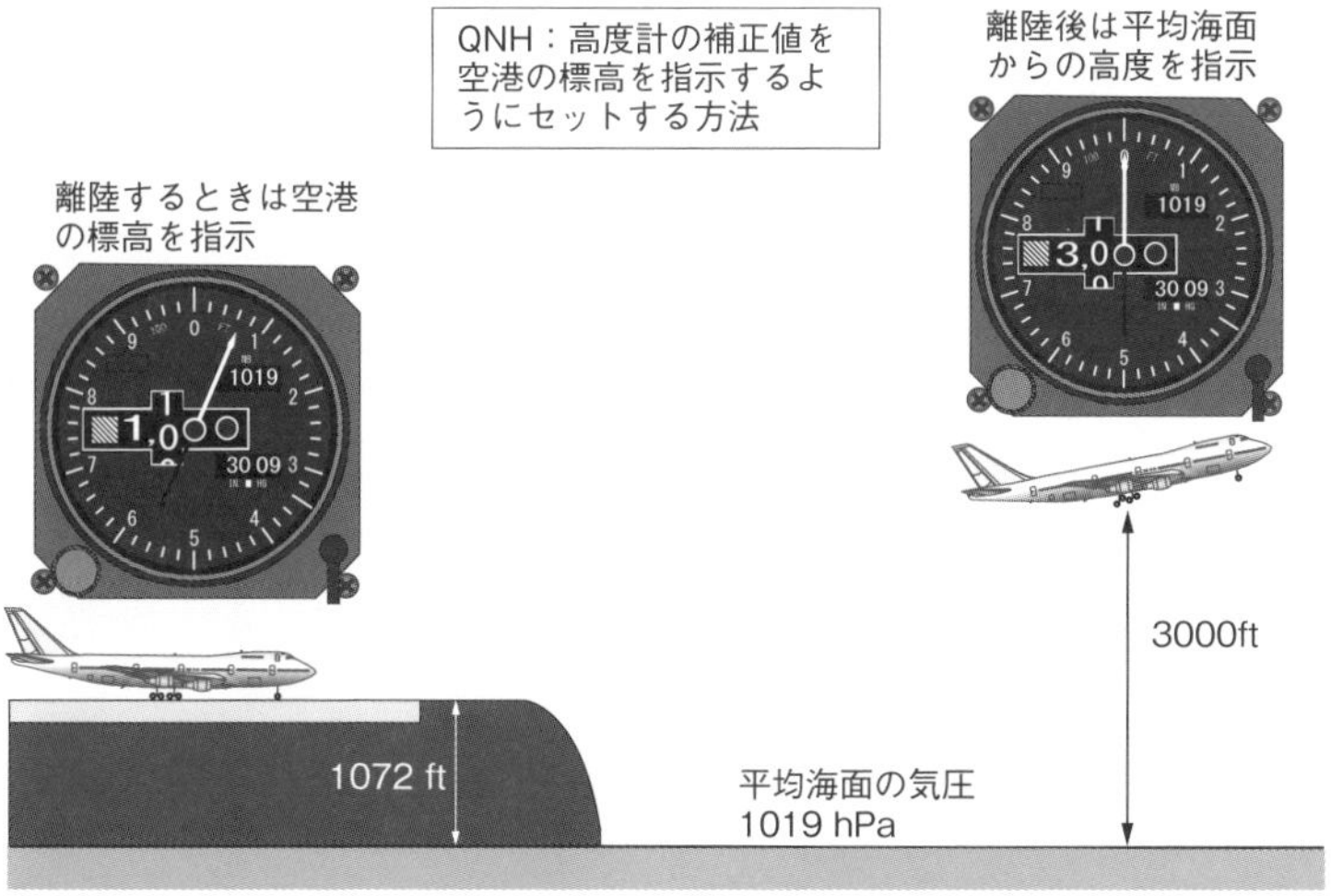
QNH：高度計の補正値を空港の標高を指示するようにセットする方法
離陸後は平均海面からの高度を指示
離陸するときは空港の標高を指示
1019
1,000
30 09
3,000
3000ft
1072 ft
平均海面の気圧
1019 hPa

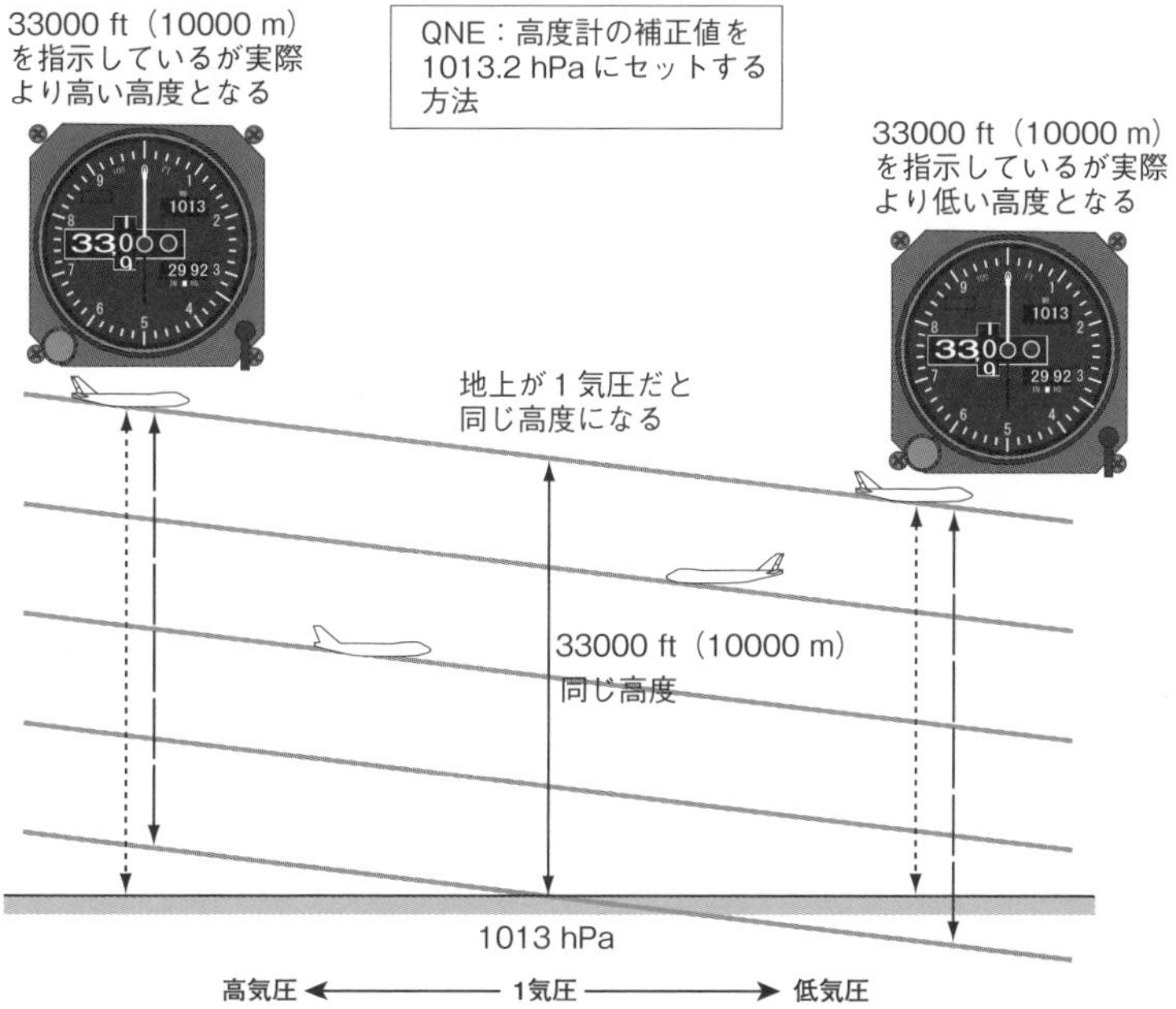
33000 ft（10000 m）を指示しているが実際より高い高度となる
QNE：高度計の補正値を1013.2 hPaにセットする方法
33000 ft（10000 m）を指示しているが実際より低い高度となる
1013
29 92
地上が1気圧だと同じ高度になる
33000 ft（10000 m）
同じ高度
1013 hPa
高気圧
1気圧
低気圧

飛行機の現在の「姿勢」を知る装置

姿勢を知るには姿勢指示器の「地球儀」が必要

雪山のような白一色の雪原では、**ホワイトアウト**と呼ばれる錯覚、つまり、どちらが天でどちらが地かわからなくなることが起きます。

両足で立っていても天地がわからなくなってしまうので、ましてや空中で、それも雲中飛行ではわかるはずがありません。そのため昔は飛行機は天気のよい時にしか飛ばなかったそうです。

それでも飛行機の姿勢を正しく知る必要はあり、そのもっとも単純な計器が、左図のような飛行機の前面に張ったロープです。この単純な計器でも地球の水平線との比較により、上昇、降下そして傾きの基本的な姿勢がわかります。

現在ではもちろんロープの計器ではなく、外をまったく見なくても姿勢がわかるようになっています。なぜならば計器の中に地球儀を入れてしまったからです。その計器は**ADI**と呼ばれている**姿勢指示器**です。

指示器には水平線があり、その線より上は空を思わせる青、下は地面を思わせる茶色に着色されています。まさに地球儀が入っている計器です。そして同じく計器内にある飛行機のシンボルと地球を比較して、姿勢を知ろうというわけです。

飛行機が傾いても、機首を上げ下げしても、計器の水平線は地球の水平線と同じになるように保っています。動きとしては、飛行機のシンボルは固定されているため地球儀のほうが動きますが、計器だけ見ていると飛行機が動いているように感じます。この姿勢指示器をふくめて、方位を知る計器などは**ジャイロ（角度などを測る計測器）**が活躍する計器ですが、どのようにジャイロを利用しているのか次頁で調べてみましょう。

どうやって自分の姿勢を知ることができるのか

ADI

視界

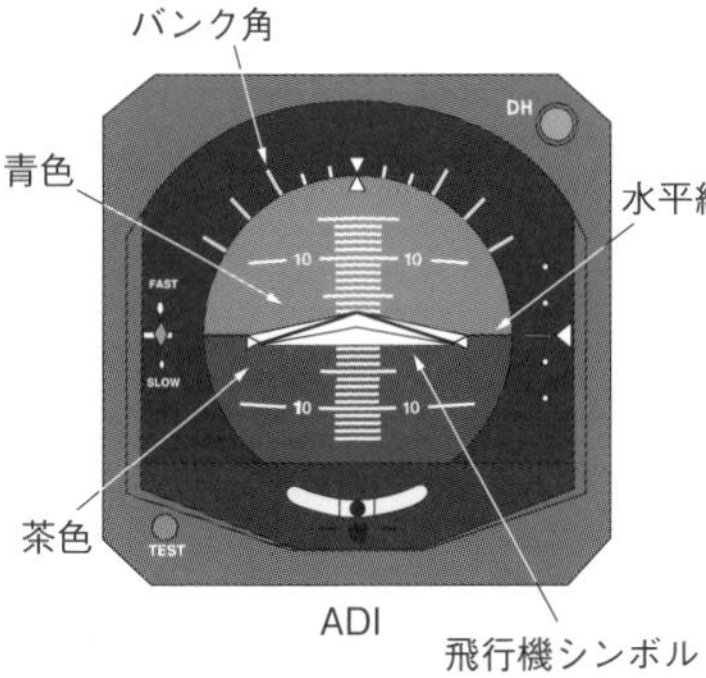

ADI

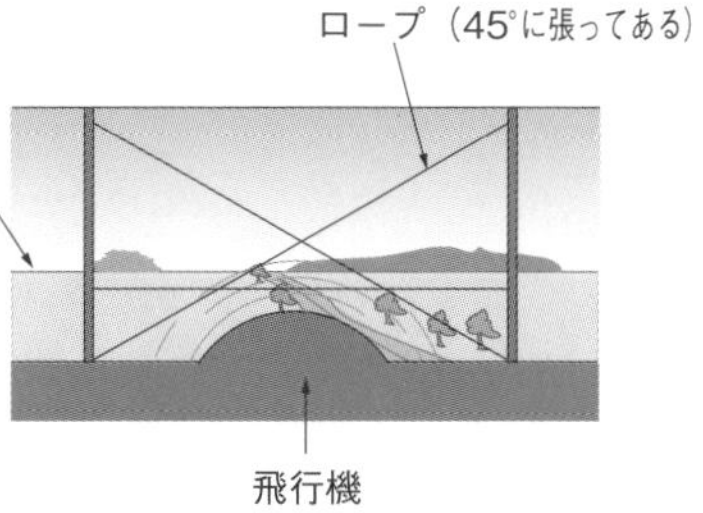

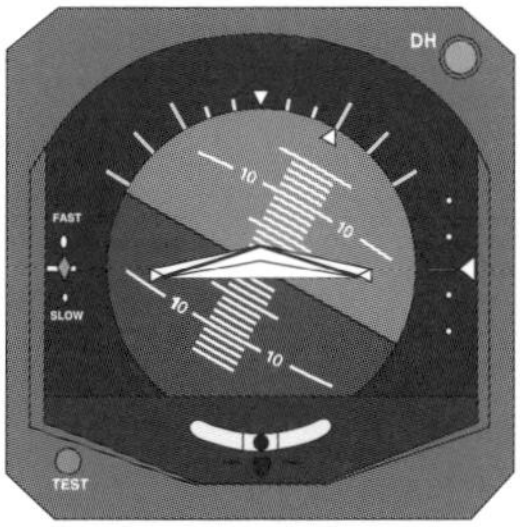

バンク角 30°
左に旋回

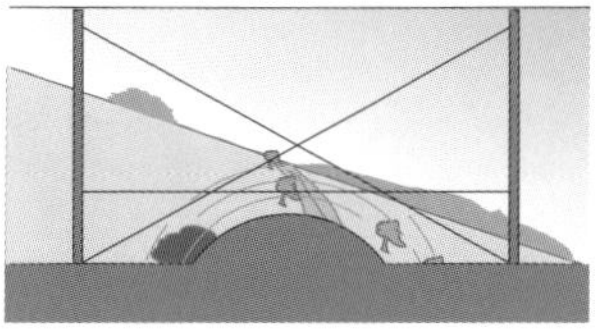

バンク角 30°
左に旋回

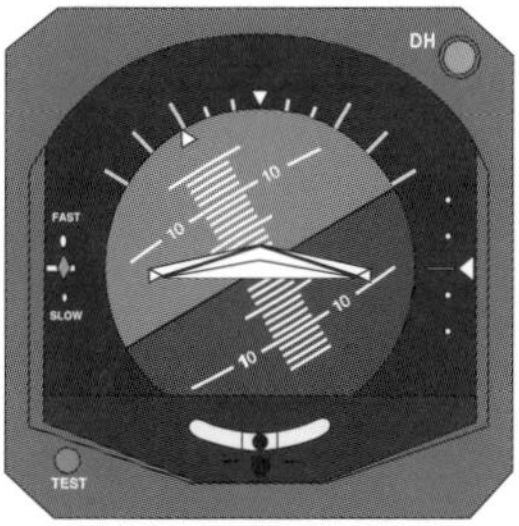

バンク角 30°
右に旋回

バンク角 30°
右に旋回

飛行機の姿勢を知るには都合のよい性質

ジャイロを利用した姿勢指示器

振り子で地球の自転を証明したフランスの物理学者フーコーは、高速で回転するコマを利用した装置でも地球の自転を証明しようとし、それを**ジャイロスコープ**と名づけました。

ジャイロは回転、スコープは見る、つまり地球の回転を見る機械というわけです。単にジャイロと呼ぶことも多いですが、**ジャイロは高速回転している限り倒れないだけではなく、その回転軸は宇宙の一点を指し続けるという壮大な性質を持っています**。

余談ですが、地球もジャイロとして考えると、地球の回転軸が指し続けている宇宙の一点は、「北極星」です。そのため大海原を航海する船上から見える北極星は、ほとんど動かない固定点となり、自分の位置を知ることができる希望の星となっています。そして、このように天体を観測して位置を推測する方法を**天測航法**と呼んでいます。

ジャイロを垂直に立てた場合、飛行機の姿勢を知るには都合のよい性質を持っています。このようなジャイロを**VG（バーティカル・ジャイロ）**といいますが、ここで問題があります。

飛行機が動いた場合には、ジャイロの軸は相変わらず宇宙の一点を見つめているので、機内から見るとジャイロが勝手に動いたように感じてしまうのです。そしてたとえ飛行機が動かなくても、フーコーが証明したように、機内では地球の自転によりジャイロ軸が勝手に動いたように見えるわけです。

これらの問題を解決して、VGの軸をいつも地球の中心に向かうように工夫し飛行機がどのように動いても地球の水平線といつも同じになるように指示する計器が、姿勢指示器です。

宇宙的動きを地球に限定して利用

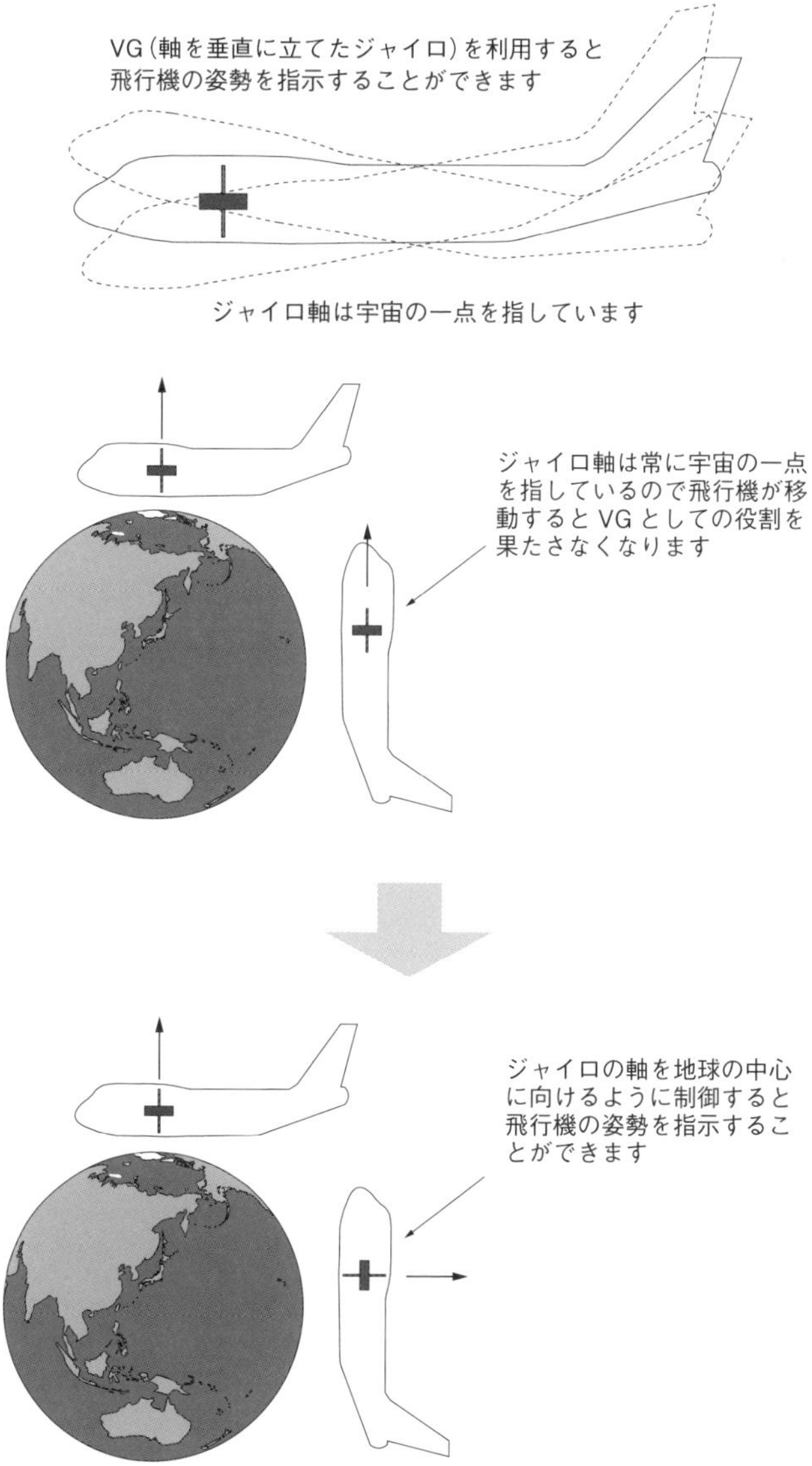
VG（軸を垂直に立てたジャイロ）を利用すると
飛行機の姿勢を指示することができます
ジャイロ軸は宇宙の一点を指しています
ジャイロ軸は常に宇宙の一点
を指しているので飛行機が移
動するとVGとしての役割を
果たさなくなります
ジャイロの軸を地球の中心
に向けるように制御すると
飛行機の姿勢を指示するこ
とができます

どうして方向がわかるのか

地磁気を利用した方法

ジャイロを垂直に立てると、姿勢がわかるのであれば、水平にしたら方向がわかるようになると考えるのは自然です。

ジャイロを垂直にしたVGに対して、水平にしたジャイロを**DG（ディレクショナル・ジャイロ）**と呼んでいます。例えば、左図のように飛行機が左右のどちらを向いても、DGは宇宙の一点を指しているため、機首とジャイロの軸を比較すれば方向がわかりそうです。

しかしそれほど単純ではありません。たとえ水平に保つことができたとしても、肝心の基準となる北の方位（どちらの方角が北か）は、ジャイロだけでは知ることができないのです。たとえ知ったとしてもほんの一瞬だけで、図のように飛行機の移動や地球の自転によって、結局はわからなくなってしまうからです。

そこで、地球の磁気（地磁気）を探知したものを電気信号に変えて、DGの軸を常に磁北に向くように制御する方法が考えられました。地磁気を探知する装置を**フラックス・バルブ**（他の呼び名もある）と呼んでいますが、飛行機から出る磁気の影響を受けないよう、翼端に設置されています。

方向を知る代表的な計器が**HSIと呼ばれている水平位置指示器と、RMIと呼ばれている無線磁方位指示器**です。ただし現在のハイテク機では、地磁気を利用したものではなく、後で述べますが慣性航法装置によって、**磁北（方位磁針の指す北）**ではなく、地球の回転軸である**真北（地形図の北）**を基準としています。ただ、現在でも航空路などは磁北を基準とした方位で設定されているので、地磁気のデーターベースを利用し、真北から磁北を算出しています。

どうして方向がわかるのか

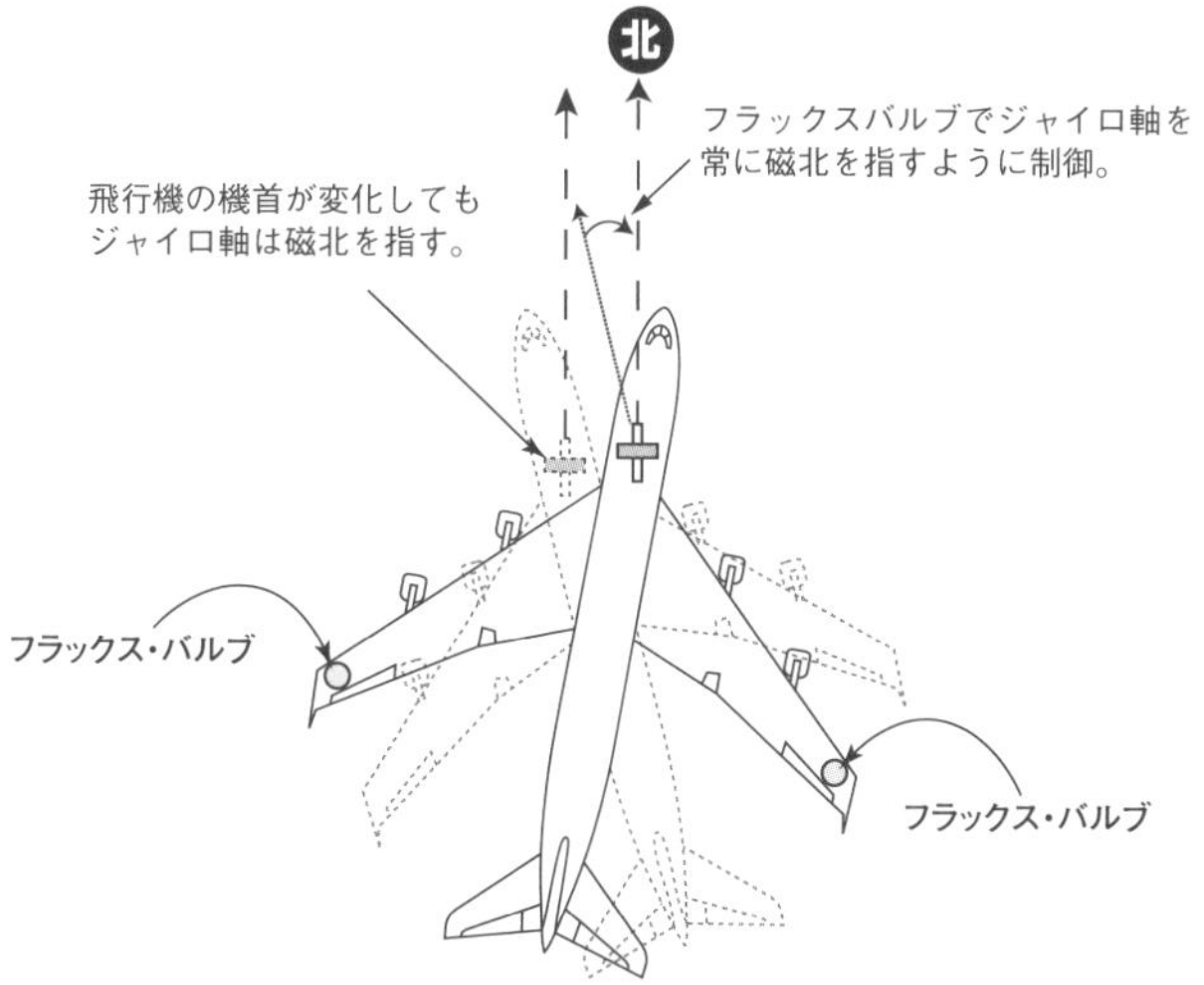

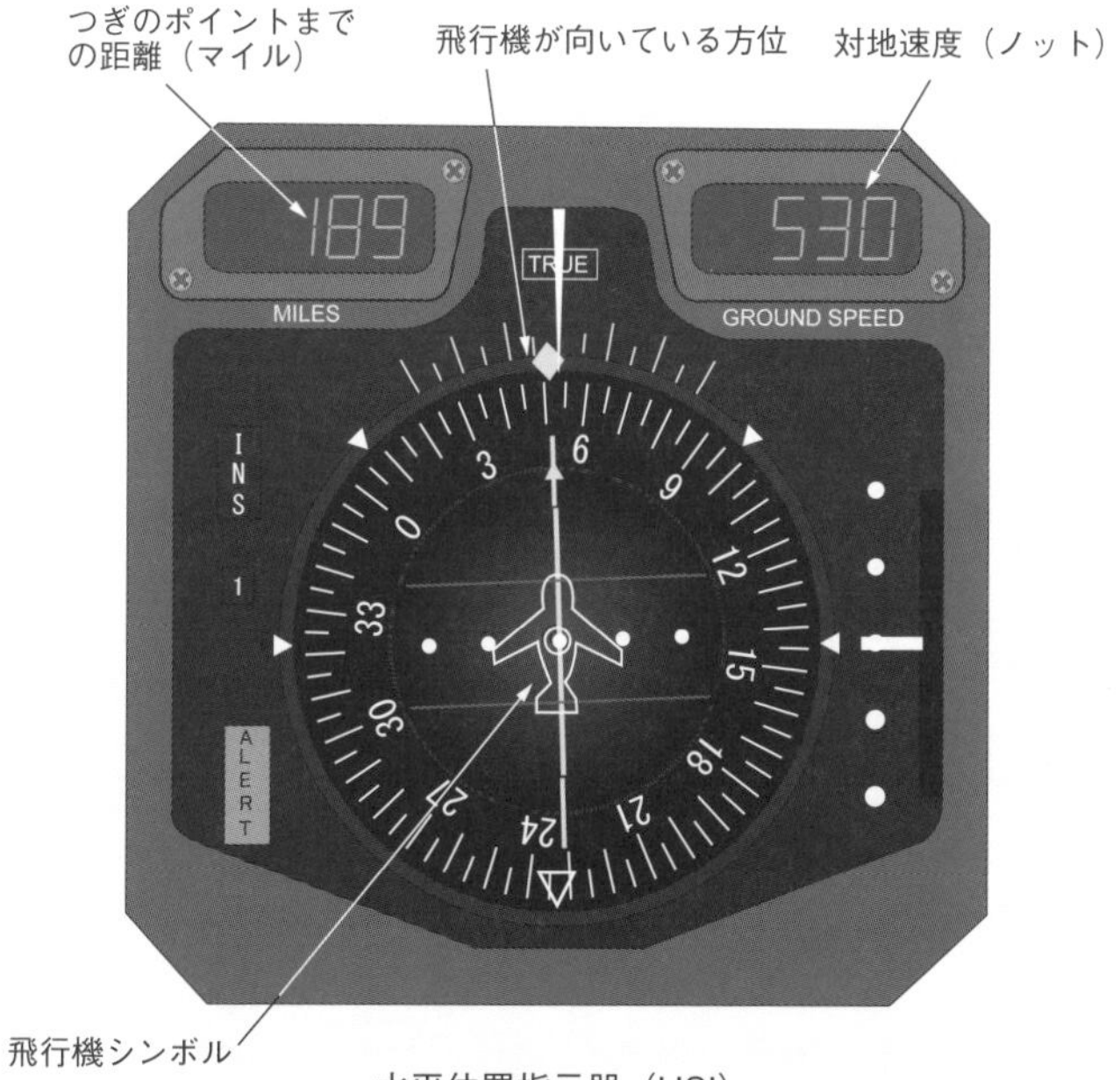

水平位置指示器（HSI）

飛行機の姿勢と方向を知る慣性航法（その1）

電車のつり革から考える「飛行機の姿勢」

飛行機の姿勢と方向を知るには、VGとDGの2つのジャイロが必要なことがわかりました。しかし現在のジェット旅客機は、それぞれの計器に個々のジャイロを使用する方法ではありません。姿勢、方向のみならず位置もまとめて処理するシステムになっています。

自動車のカーナビゲーションの発展はめざましいものがありますが、航空界でも同様です。ナビゲーション、つまり**航法（飛行機や船を安全、確実、効率的に目的地まで到達するための技術）**の発展が大きく、その口火を切ったのが月に行ったアポロ宇宙船も採用した**慣性航法システム（INS）**の考え方でしょう。

慣性航法とは何かということを解説するために、外が見えない電車の中のつり革を例にして考えてみましょう。

電車が動き出すと、つり革はいつまでもじっとしたいという慣性の力によって、進む方向とは逆の方向に傾きます。一定の速度になるともとの位置に戻って、減速すれば逆に進行方向に傾きます。

このように**つり革の傾き具合を正確に測定すれば、加速度がわかります**。そして、**その加速度を積分すると速度がわかります**。簡単に言えば傾いている時間がわかれば、

加速度×時間＝速度

から速度がわかります。そして速度がわかれば、

速度×時間＝距離

で、から移動した距離もわかります。

以上から、外が見えなくてもつり革だけ観察していれば、電車の動きがわかることになります。そしてこのような慣性という考え方を利用することから、**慣性航法**と呼んでいます。

慣性航法とは（その１）

慣性航法の考え方

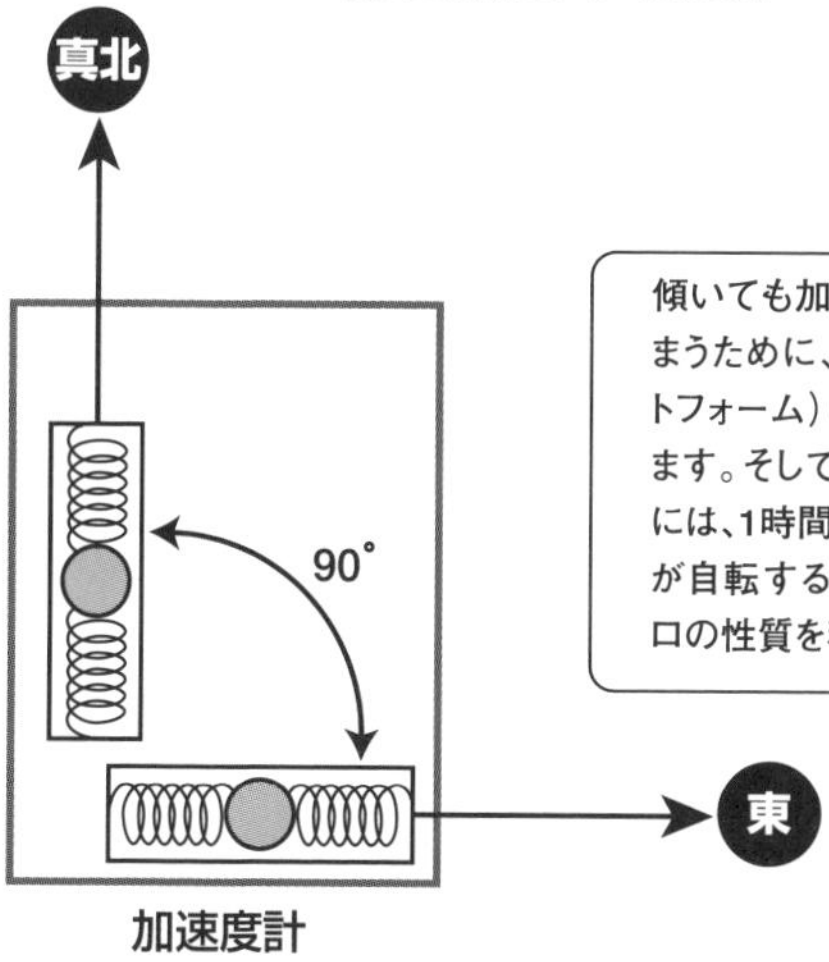

傾いても加速度を感知してしまうために、水平な板（プラットフォーム）の上に置いてあります。そして、真北を知るためには、1時間15°の速度で地球が自転することおよびジャイロの性質を利用しています。

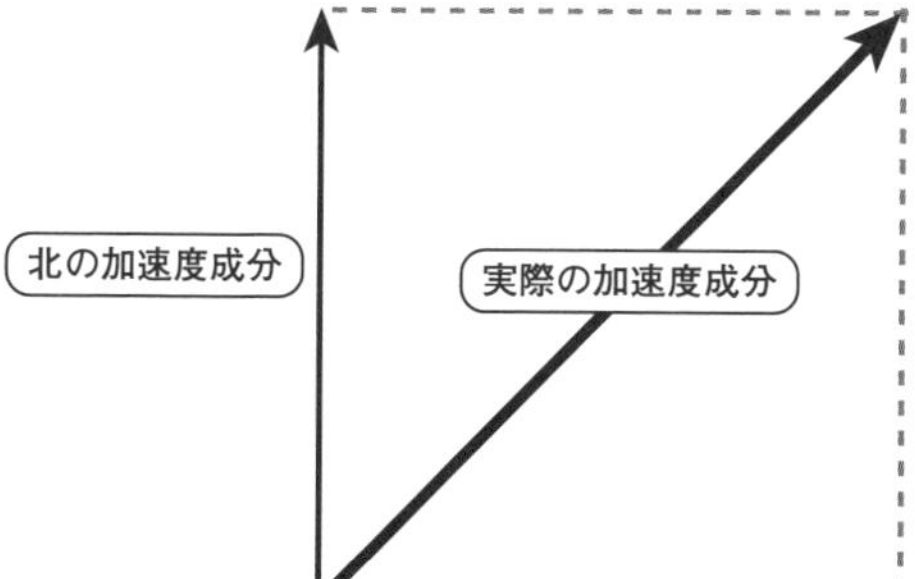

出発点の位置と加速度さえわかれば、
速度＝加速度×時間 そして
距離＝速度×時間 なので、どこに行っても現在位置がわかります。

飛行機の姿勢と方向を知る慣性航法（その2）

飛行機がはじめて真北を認識できるようになる

加速度を測る装置は、もちろんつり革ではありませんが、現在の加速度計でも、飛行機の姿勢が変わると加速度と勘違いする恐れがあります。

そこで、3つのジャイロで、**水平かつ真北（地磁気ではなく地図上の北）を向くように制御されたプラットホームと呼ばれる、板の上に設置されるようになっています**。

この装置により、姿勢や方向を知るためのジャイロであるDG、VGの代わりはもとより、飛行する前に空港の位置（緯度経度）を入力すれば、無線施設などの助けもなしに飛行している現在位置も逐次わかるようになります。

このように誰の助けもなしに、飛行機に装備した装置だけで行なう航法のことを**自立航法**と呼んでいます。またこの装置のおかげで、**飛行機としては磁北ではなく真北をはじめて認識することができました**。オートパイロットの項（104ページ）でも調べますが、自動的に誘導することも可能となり、パイロットのワークロードが大幅に軽減されたのです。

現在は機械的なジャイロではなく、レーザー光線を利用した、ジャイロと同じ性質を持つ**レーザージャイロ**と呼ばれる装置が主に使われています。機械的な回転部分が少ないため、故障も少なく小型軽量で、飛行機にはもってこいのジャイロです。このジャイロとコンピュータの組み合わせによって、仮想上の水平なプラットフォームをつくることもできたので、それらの装置は飛行機に直接設置できるようになっています。機械式ジャイロによるプラットフォーム方式に対して、このように飛行機のどこにでも直接設置できる方式のことを**ストラップダウン方式**といいます。

慣性航法とは（その2）

レーザージャイロ

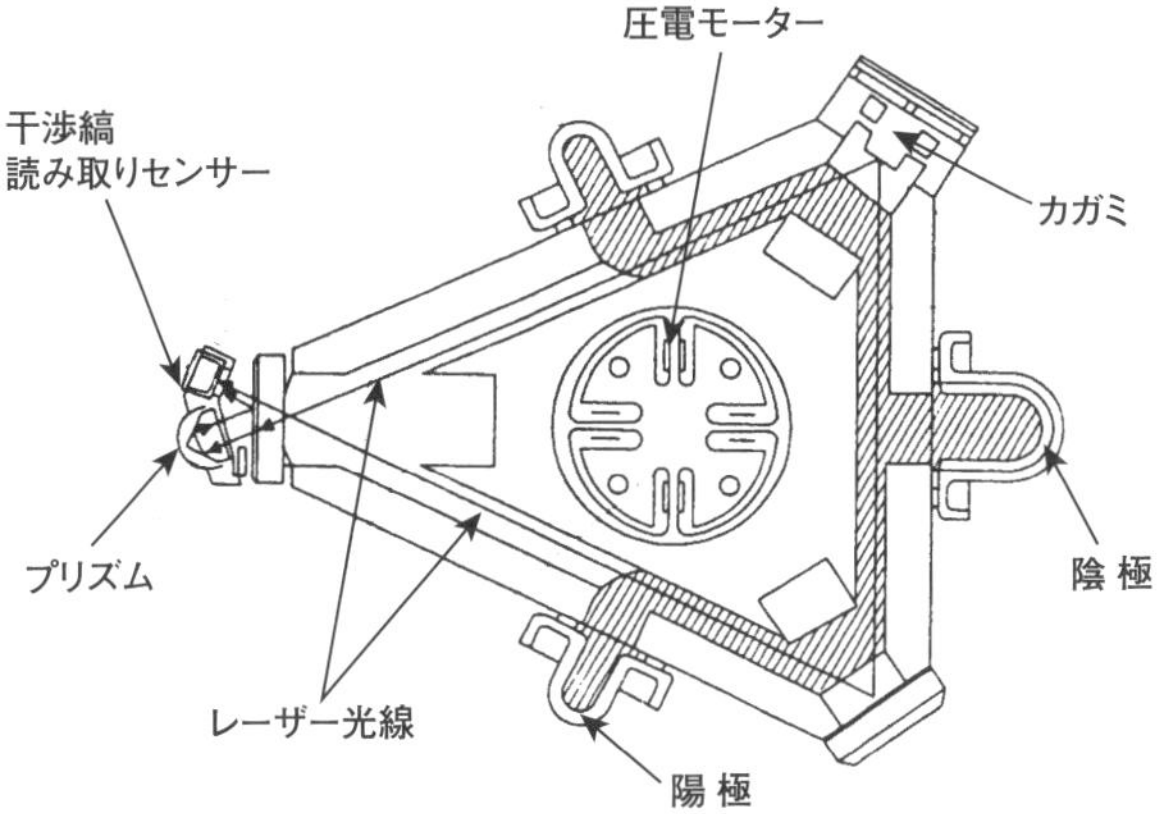

慣性航法システム

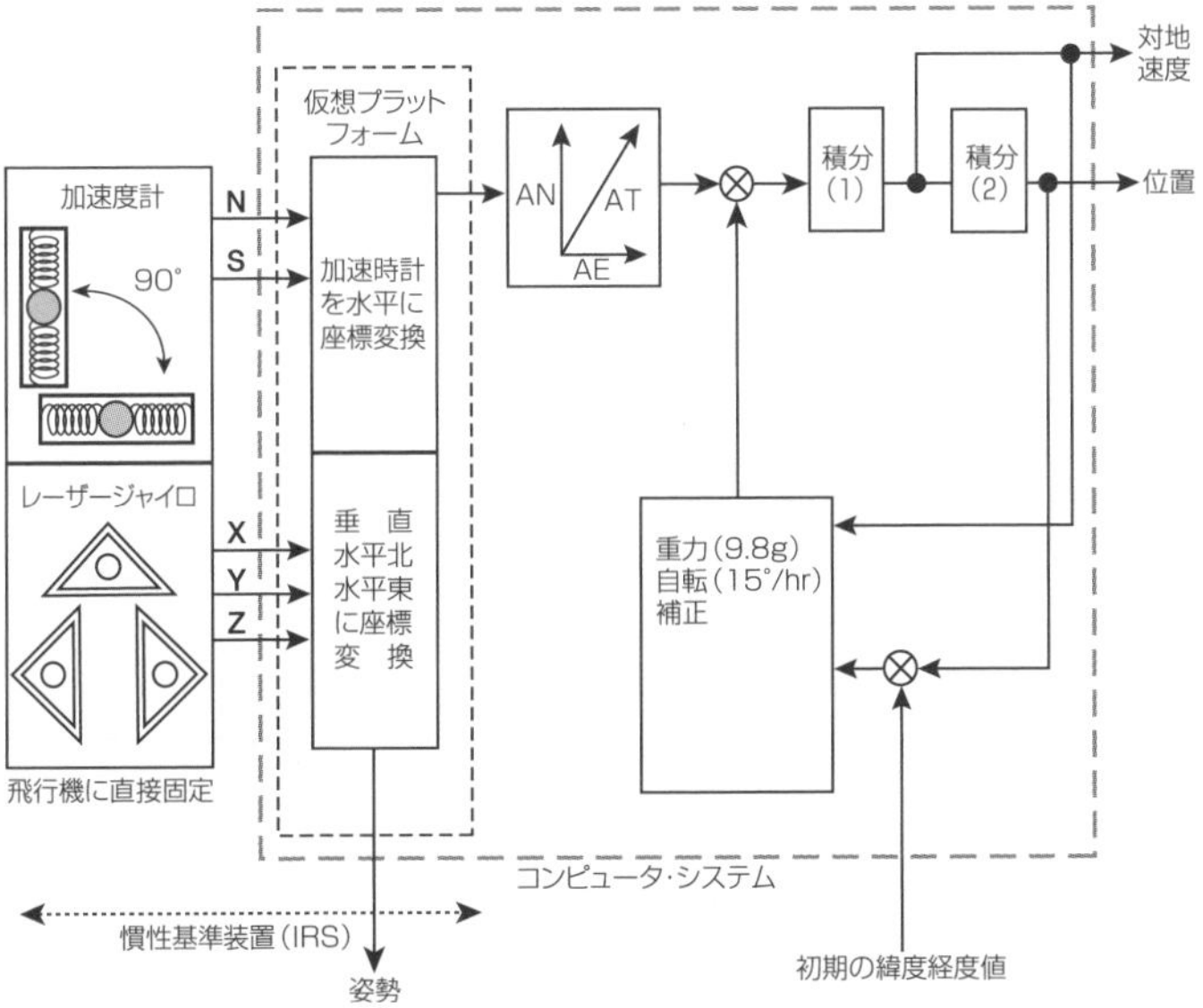

飛行中の位置を知る方法

ND（ナビゲーション・ディスプレー）のしくみ

飛行中の位置を知る方法は、飛行機の場合もカーナビと考え方は同じです。ジャイロと加速度計によって算出した自分の現在位置（緯度経度）の上に地図を重ねて、位置を客観的に見ることができます。膨大な航路図のデータをリアルタイムに処理できるコンピュータと、それを細かく表示できるブラウン管や、液晶画面が開発されたからこそ可能になったシステムです。

ND（ナビゲーション・ディスプレー）と呼ばれるものが、主に航法に関する情報をまとめて表示する装置です。飛行機のシンボルに対して、ウエイポイントと呼ぶ通過予定地点を結んだ通路が表示され、ひと目で今、自機がどこにいるのかわかります。

雷雲など、レーダーからの情報も表示されるので、どの方向に避けたらよいのかも一目瞭然です。

HSI（水平位置指示器）が自機を至近距離から見た計器であるのに対して、NDははるか上空から見ている計器です。そしてHSIと大きく違う点は、表示する地図の大きさを変えたり、パイロットの要求に応じてモードを変えたりすることができる点です。

カーナビに駐車場やガソリンスタンドの表示が可能であるのと同様、**近くの無線援助施設を表示したり、その施設が発信している距離情報を自動的に受信して、自機の位置誤差を修正することもできるため、より正確な航法が可能となっています**。

またGPSも搭載しているので、航法装置が算出した自機の位置と、GPSから得た位置を常に比較できるので、無線援助施設が受信できない洋上飛行でも、正確な航法が可能となっています。

どうやって位置を知ることができるのか

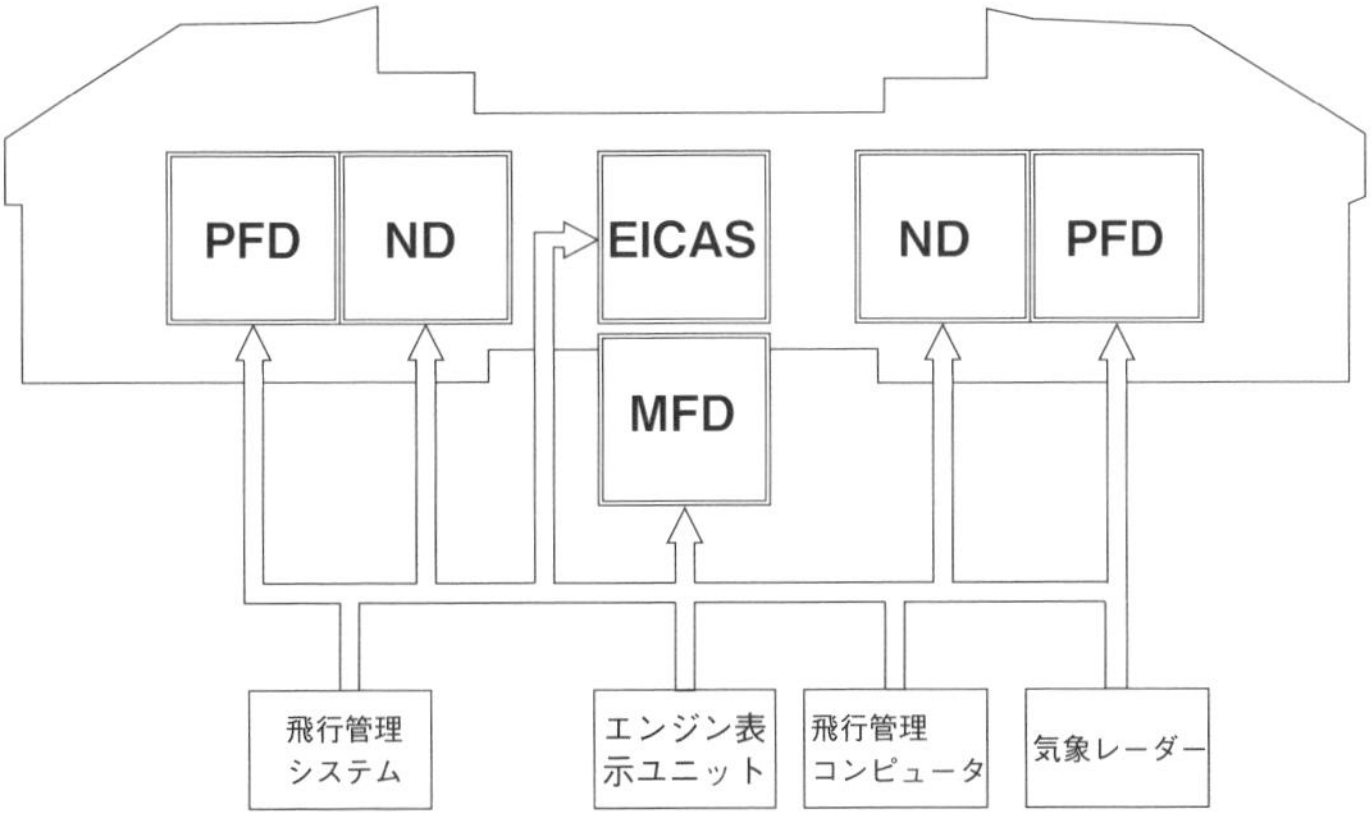

・PFD（Primary light Display）＊下図
　飛行するために主に必要な速度、姿勢、高度などを指示をする画面
・ND（Navigation Display）＊下図
　主に航法にかかわる情報を総合的に表示する画面
・EICAS（Engine Indication and Crew Alerting System）
　エンジンの状態を表示するだけではなく異常が発生したときにパイロットに知らせるシステム
・MFD（Multi Function Display）
　多機能表示画面

PFD

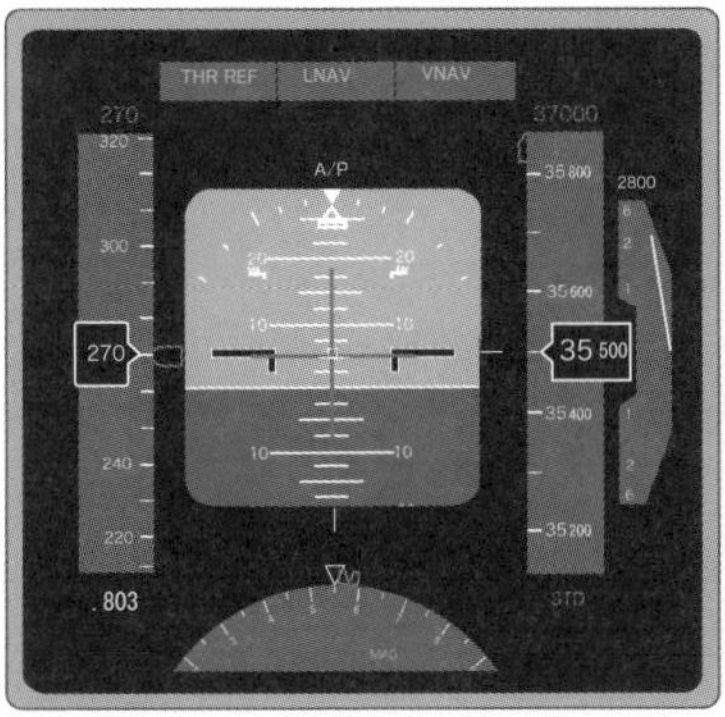

ND

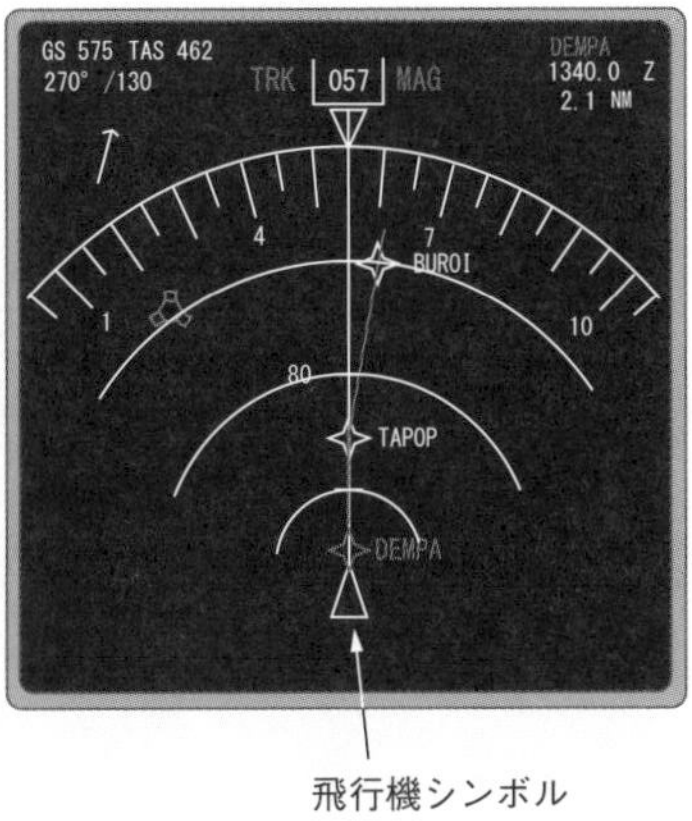

オートパイロット（自動操縦）とは

ロボットではなく、システムによる自動化

オートパイロットの歴史は古く、ライト兄弟の初飛行から数年後の1910年代からすでに開発が始まっています。当時の役目は、安定した水平飛行、操縦桿ではなくノブを回すことによる旋回などでした。

基本的な働きは、傾きなどを感じる人間の三半規管の代わりに**ジャイロ**、視神経などの代わりに**電気信号**、手足の代わりに**サーボモーター**でアクチュエータを動かし、ラダーやエルロン、エレベーターなどを操作します。オートパイロットといっても、ロボットが操縦するわけではありません。

現在はコンピュータの発達により、操縦系統の自動化よりも、飛行機の運航全般を管理する考え方になっています。ダッチロールを防ぐための安定性の機能や、ノブを回して操縦をする機能は、昔と基本的には変わりません。しかし、大きな違いのひとつに**誘導する機能**が追加されたことがあります。**誘導機能とは、飛行ルート（飛行機の決められた通路）上を、オートパイロットで自動的に飛行できる機能です**。

例えば、洋上の飛行ルートを飛行する場合、大昔は星の位置から自分の位置を割り出していました（天測航法といいます）。その後、ロランやオメガと呼ばれる、洋上でも受信できる電波により、位置を把握することができるようになりました。

しかし、どちらにしてもパイロットが風などを考慮し、次の飛行ルートへ向かう方位を推測、方向をコントロールするノブを操作して飛行することには変わりはありませんでした。慣性航法装置が開発され、オートパイロットで自動的に飛行できる誘導機能が追加され、パイロットのワークロードが大幅に軽減されたのです。

オートパイロット

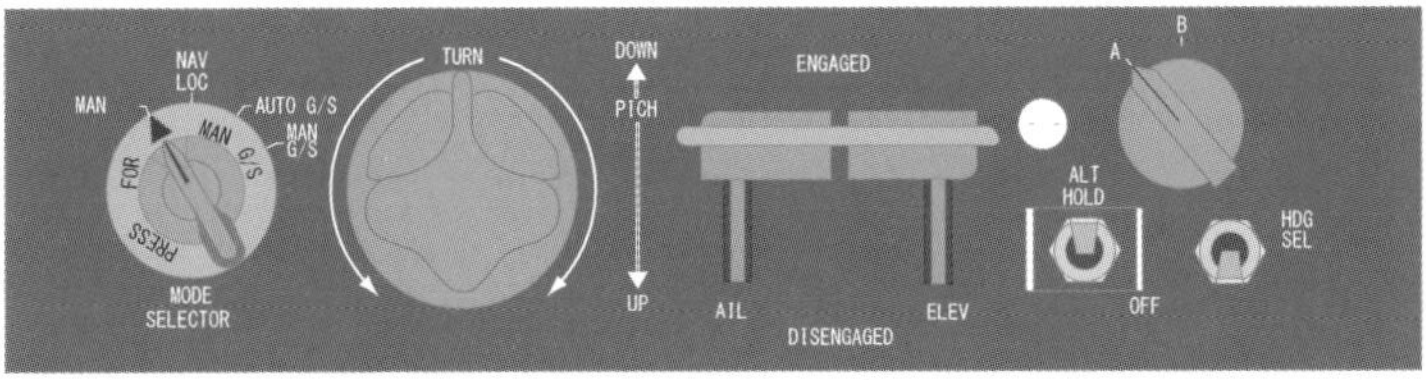

＜ボーイング 727 のオートパイロット・コントロール・パネル＞

・高度維持
・ノブでピッチとバンクのコントロール
・計器着陸装置により自動誘導

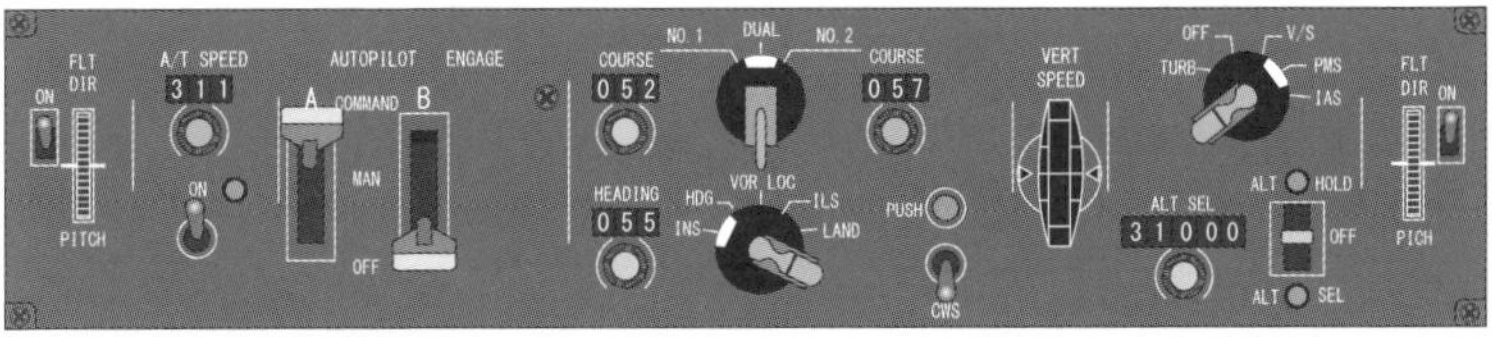

＜ボーイング 747-200 のオートパイロット・コントロール・パネル＞

・高度および速度の維持
・ノブでピッチとバンクのコントロール
・ルート上を自動誘導
・計器着陸装置により自動誘導および自動着陸
・エンジン推力制御および３次元航法

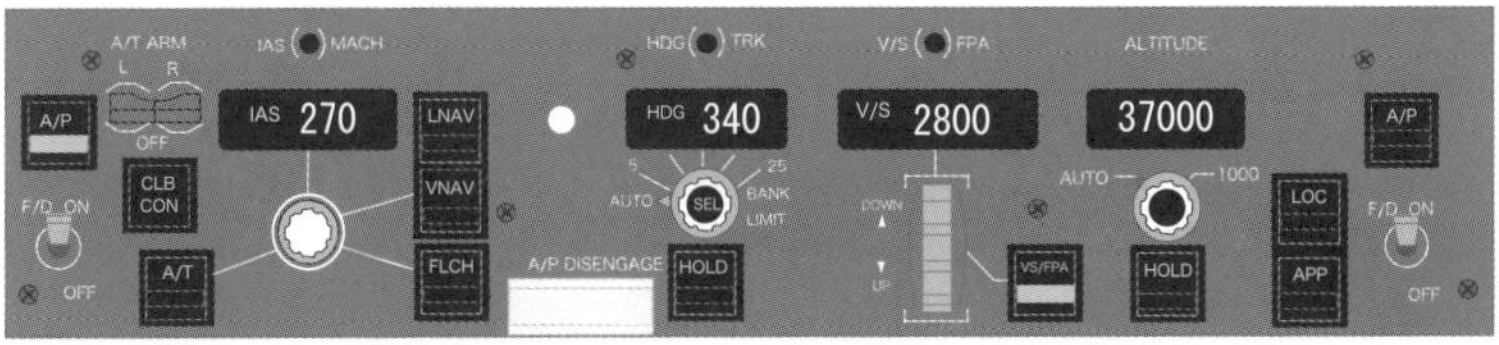

＜ボーイング 777 のオートパイロット・コントロール・パネル＞

・高度および速度の維持
・ノブでピッチとバンクのコントロール
・ルート上を自動誘導
・計器着陸装置により自動誘導および自動着陸
・エンジン推力制御および３次元航法

※ボーイング747と777の機能の違いはほとんどありません。しかし、777はデジタル化されているので精度が向上しています。

飛行管理(FMS)システムとは

エンジン制御機能も加わって、3次元の誘導が可能に

飛行機の運航に重要なものには、**エンジン制御機能**もあります。飛行機の運航にはエンジン制御と切り離しては考えられません。それが**オートスロットル**と呼ばれる、離陸や上昇などの最大推力の算出、設定や、速度維持などを自動的に行なう装置です。

エンジン制御機能が加えられたことは、誘導機能が水平方向（ラテラル・ナビエーション、水平航行）だけではなく、垂直方向（バーチカル・ナビゲーション、垂直航行）もできるつまり3次元の誘導ができるようになったことを意味します。

またオートスロットルは、速度の変化などに対して、生真面目に、かつきめ細かく対応できるようになったため、パイロットのワークロード軽減だけではなく、燃費も飛躍的に向上しました。

オートパイロットとオートスロットルをまとめて管理するのが、**飛行管理システム（FMS）**です。システムの中**のFMCと呼ばれる中央コンピュータ**は、膨大なエンジンデータや航法のデータが内蔵されています。そのためパイロットが入力したデータや、外気から得たデータ（エアデータと呼んでいます）などから、もっとも経済的なルートや飛行速度などを算出することができます。そしてエンジン制御や、各舵面を動かして水平方向、垂直方向の自動誘導を行なうことができるのです。

FMSの機能を、簡単にまとめると、

- **航法管理（離陸から着陸まで自動誘導）**
- **飛行管理（離陸から着陸まで姿勢と推力制御）**
- **性能管理（最適な高度や速度など算出）**
- **表示機能（飛行情報を表示）**

などがあります。

FMSとは

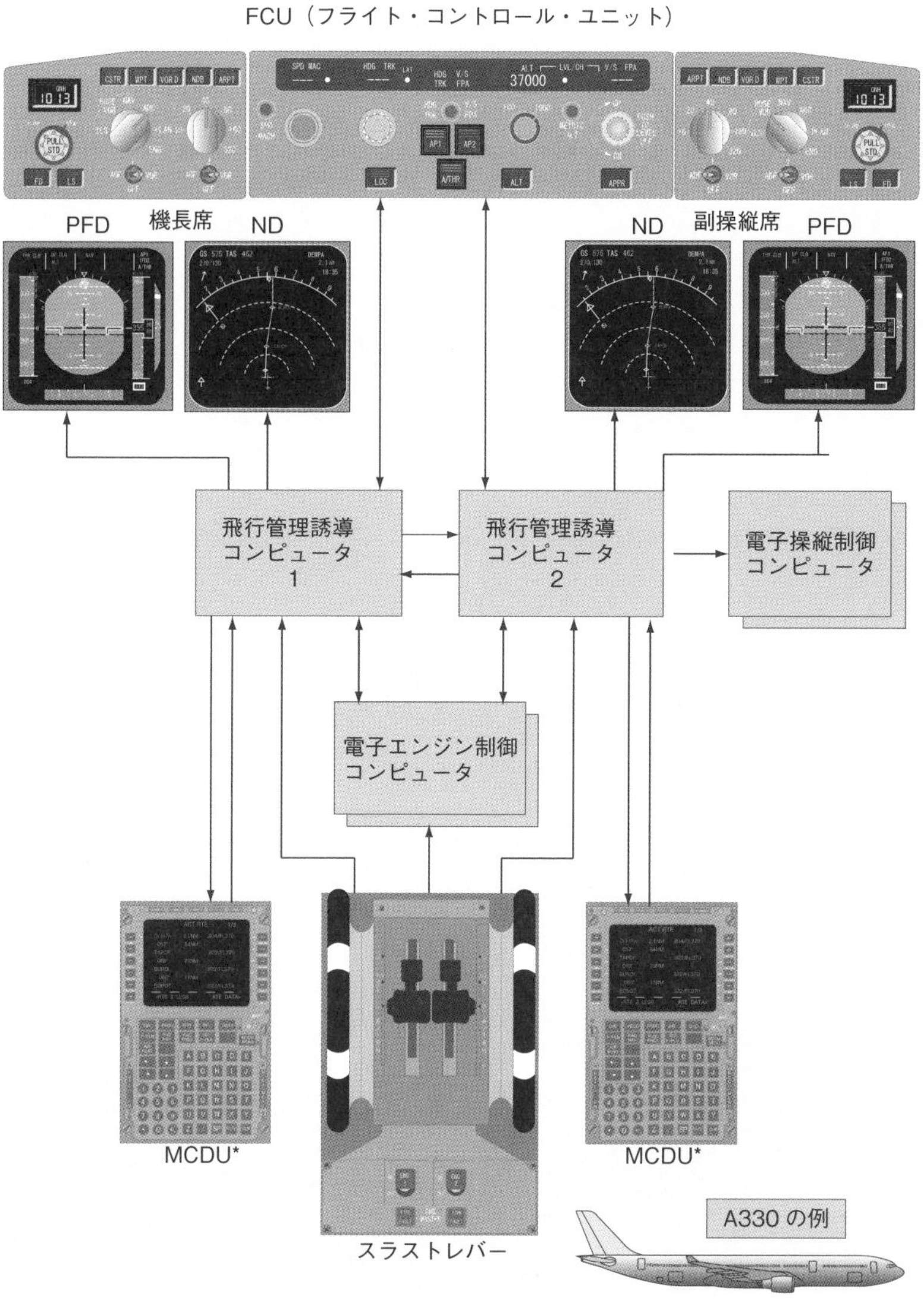

＊MCDU: マルチパーパス・コントロール・ディスプレー・ユニット

エンジンには、なぜ計器が必要なのか

異常を事前に予測し、異常事態に適切に対処できる

ジェット・エンジンの代表的な計器には、**排気ガス温度計（EGT）**、**回転計**、**燃料流量計**、**エンジン圧力比（EPR）**などがあります。これらの計器がなぜ必要なのか、まず自動車のエンジン温度計を例にして考えてみましょう。

エンジン温度計を装備していない自動車もありますが、エンジンの温度が上昇し過ぎると、赤いランプが点灯し、警告を発する装置が装備されています。エンジンのオーバーヒートは、人の五感では見つけることができないからです。

温度計が上昇したり、赤いランプが点灯した場合、木陰でエンジンを休ませたり、ラジエーター内の水を点検したりできます。つまり、計器のおかげで、エンジンの不具合の状態がわかり、適切な対処ができます。そのまま走行していたら、エンジンが長持ちしなくなるのはもちろん、壊れてしまう可能性もあります。

飛行機の場合は、自動車以上にいつでも、エンジンの調子を計器で確認できるようにする必要があります。

例えば、エンジンスタート中は、排気ガス温度を注視しています。もし制限値を超えそうになったら、ただちにスタートを中止しなければならないからです。もちろんエンジンスタートに限らず、パイロットはエンジン計器を見ながら、エンジンのアクセルであるスラスト・レバーを操作します。

計器が必要なのは、エンジンを監視することにより、異常を事前に予測したり、異常が起こってしまってもその原因を知り、適切な対処ができるようにするためです。そして制限された範囲内で運転することによって、エンジンを長持ちさせることができる理由もあります。

なぜエンジンに計器が必要なのか

＜ボーイング 747-200（４エンジン搭載）＞

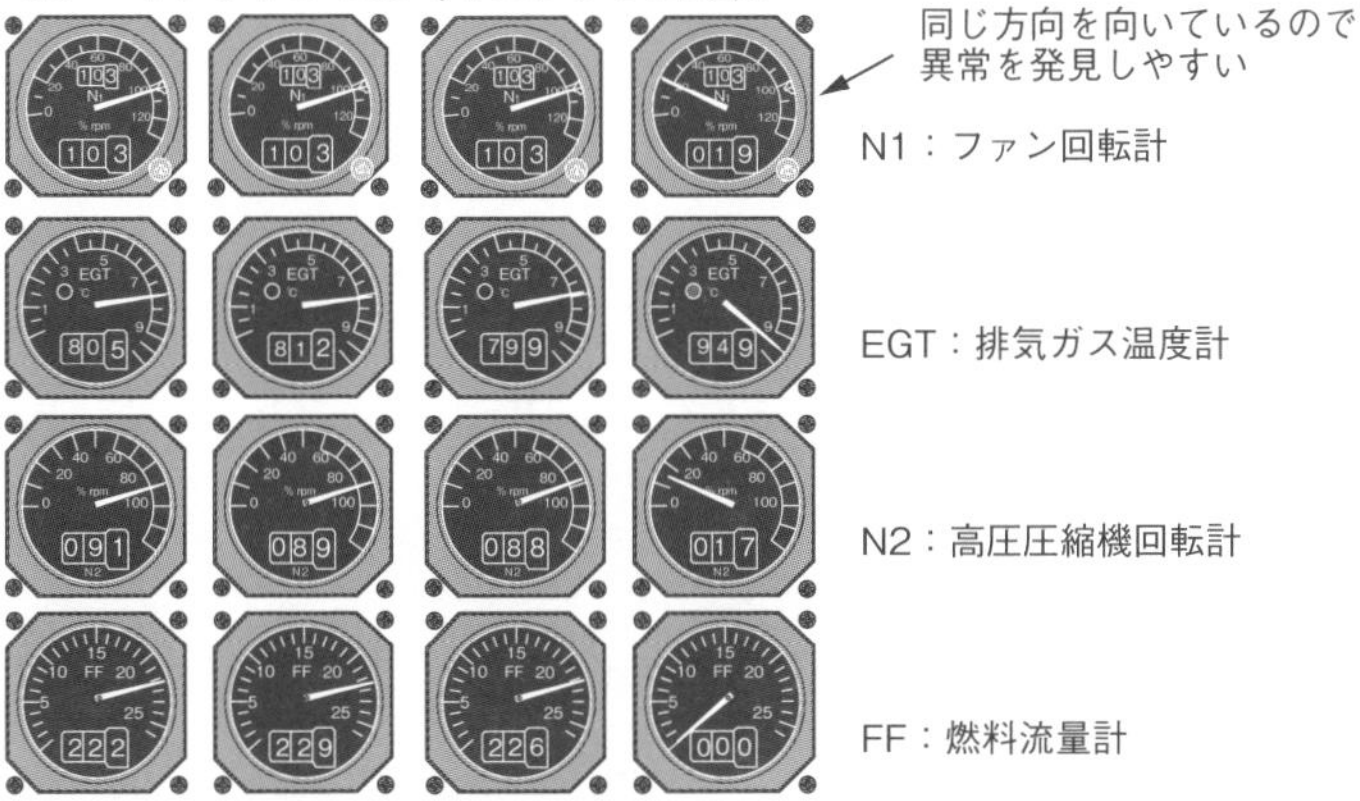

＜ボーイング 777（２エンジン搭載）＞

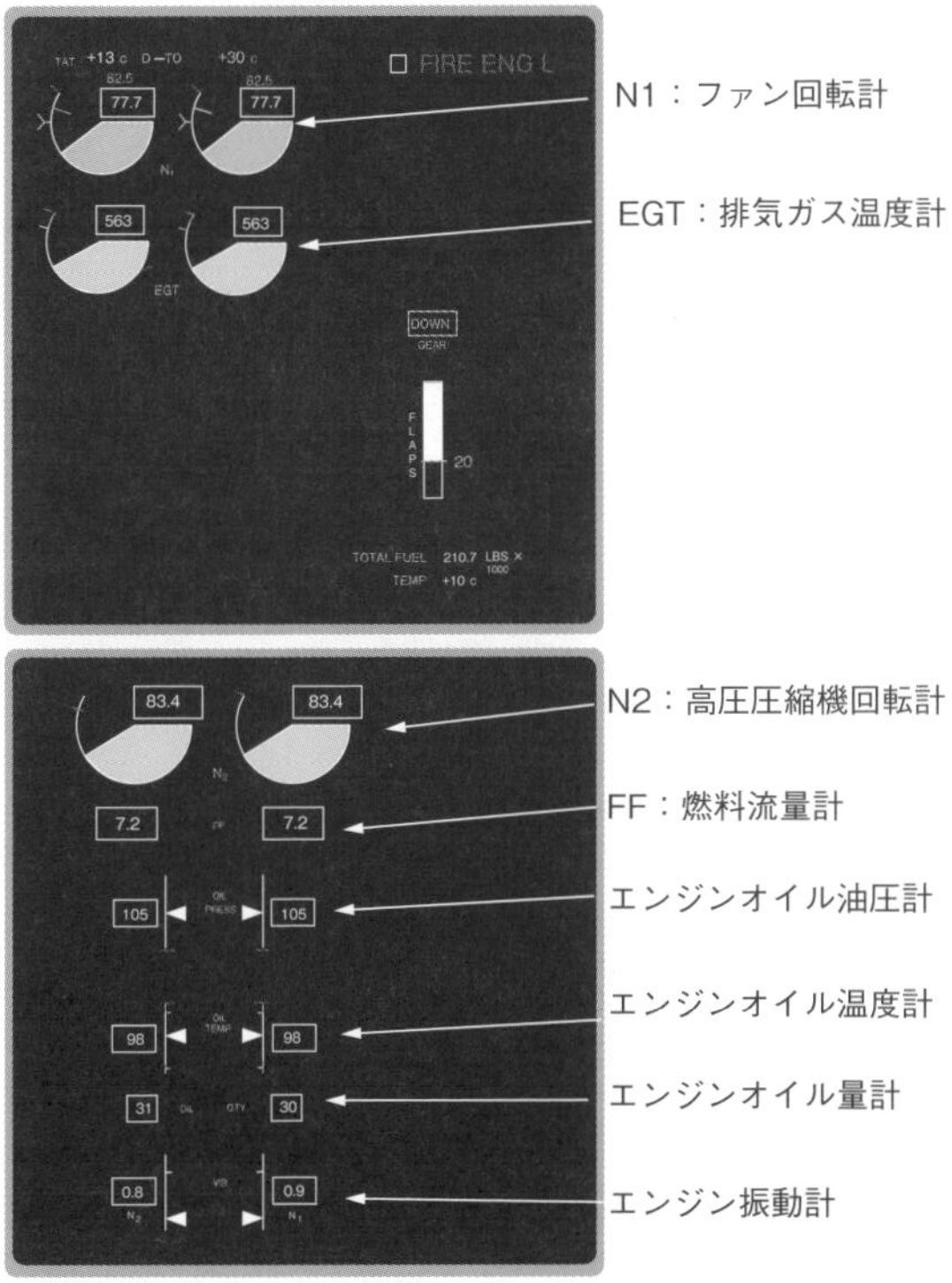

エンジン計器は、推力の大きさもわかる

飛行機のすべては、推力の大きさに関わる

エンジン計器には、もう1つ重要な役割があります。それは、**推力の大きさを知る**ことです。自動車の場合、例えば、最高出力が110kW（6200rpm）であることを知らなくても、日常の運転には支障がありません。

しかし飛行機の場合は、**離陸に必要な距離、離陸できる飛行機の重さ、離陸する速度、どこまで上昇できるのかなど、そうしたすべてのことは推力の大きさに関わってきます**。そして実際に飛ぶ時には、予定通りの推力を出しているか、知る必要があります。

ところが残念なことに、飛行中に推力の大きさを直接測ることはできません。正しい推力がセットできる計器には、どのようなものがあるのか調べてみましょう。

まずは、実際の推力の大きさと直線的に比例する代表的な計器が、**EPR**です。

EPRは、エンジン入り口の圧力とエンジン出口の圧力比を計測したものを、数値に表したものです。したがって単位はありません。バイパス比が1ほどであった初期のターボファンエンジンの場合には、推力とEPRはほとんど直線的に比例していました。

しかし高バイパス比のエンジンになると、ファンが噴出する空気が全体の80％なので、エンジン圧力比は全体の20％の変化を見ているに過ぎません。直線的には比例しなくなっています。

そして、ファンの回転数のほうが高速回転になると、推力にほぼ直線的に比例しているため、わざわざEPR装置を設置せずに、既存のファン回転計を推力設定の計器にしているエンジンもあります。

推力の大きさを知るためにも必要

$$\text{エンジン圧力比} = \frac{\text{エンジン出口圧力}}{\text{エンジン入口圧力}}$$

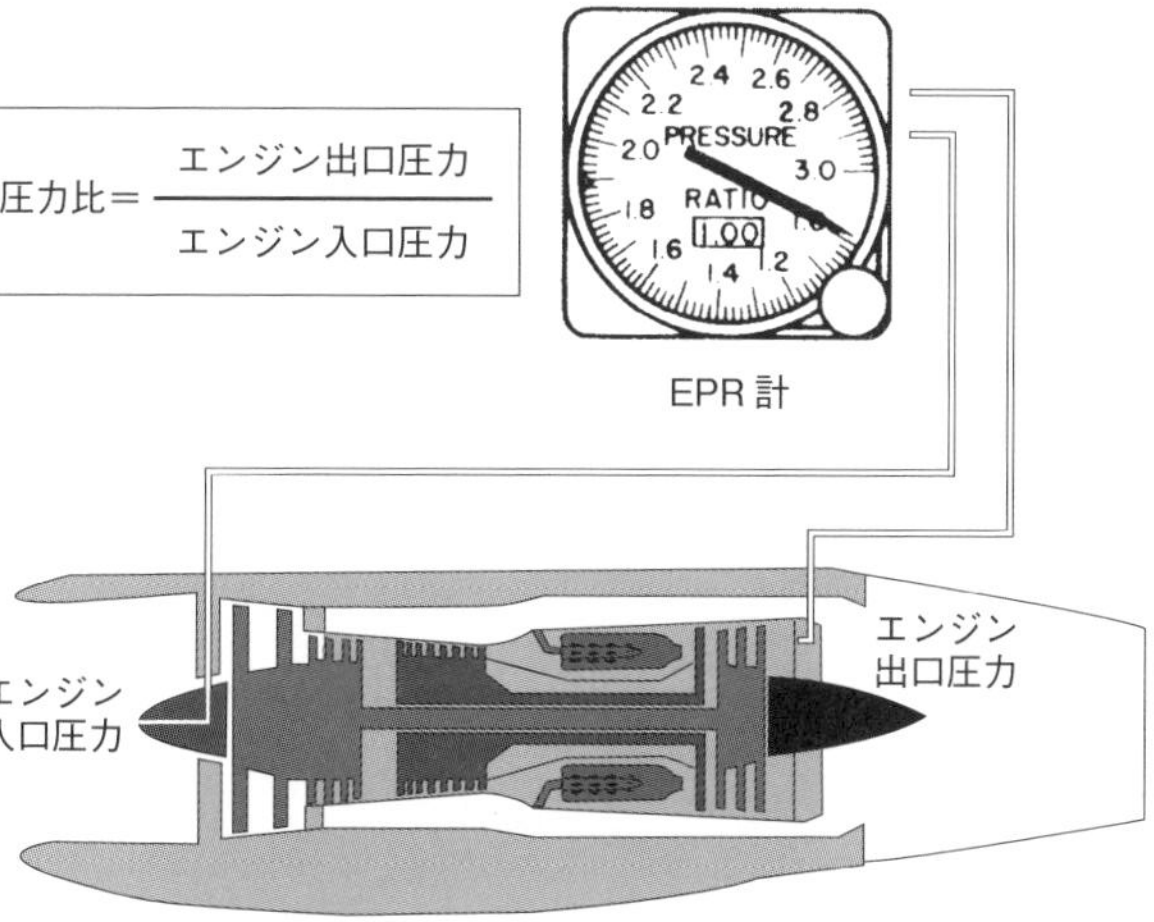

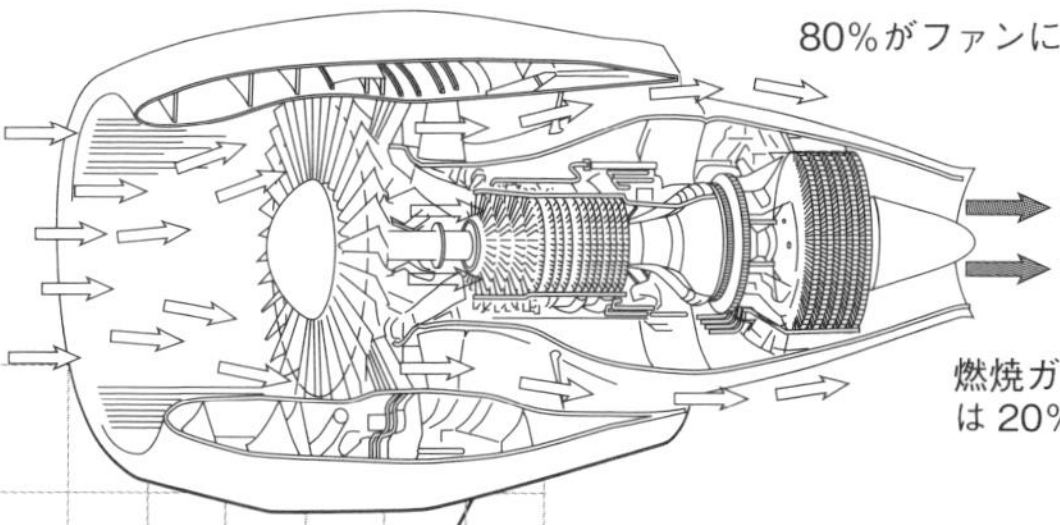
80%がファンによる推力
燃焼ガスによる推力
は 20%にすぎない

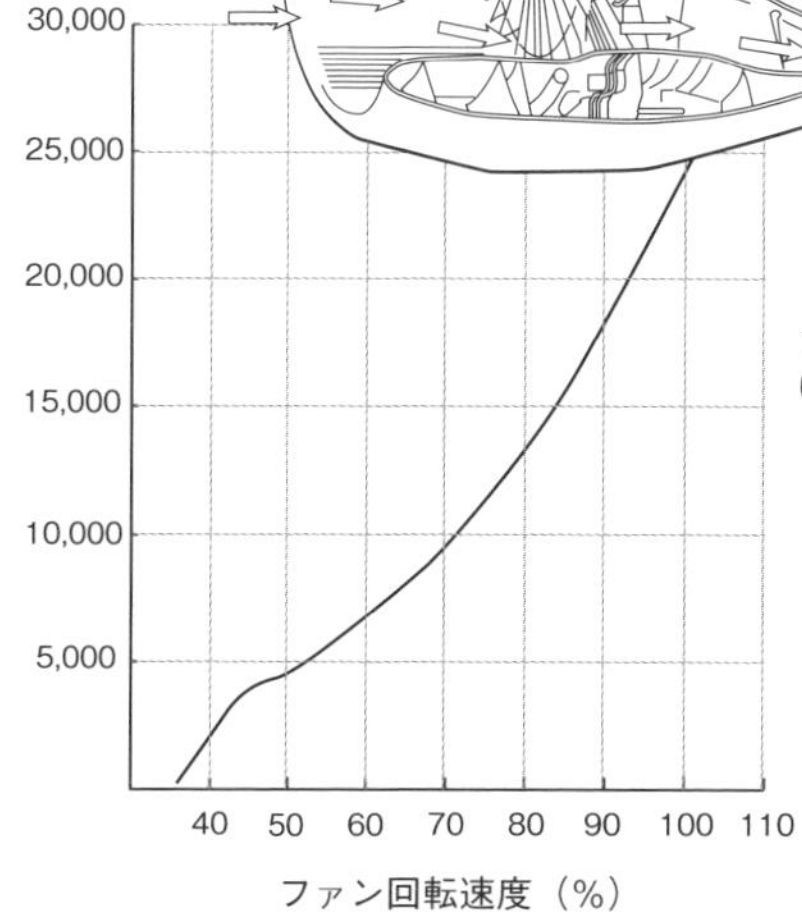
推力（kg）

ファンの回転速度は推力にほぼ直線的に比例する

どうやってエンジンの回転を数えるのか

パーセンテージ（%）で見やすくしている

回転速度を表わす計器が、**回転計**です。一般的に回転速度を表す記号にNを使う習慣があり、2軸式ターボファンエンジンの場合には、ファンと低圧圧縮機の回転を、N1（エヌワン）、高圧圧縮機をN2（エヌツー）という記号で表しています。

そのためファンと低圧圧縮機の回転速度を指示する計器を**N1計**、高圧圧縮機の回転速度を指示する計器を**N2計**と呼んでいますが、**それぞれの単位は「%」**です。

その理由は、**N1とN2は回転速度が違うので、%にしたほうが見やすいからです**。例えばCF6エンジンの場合、シリーズによっても違いますが、N1の回転速度が100%で約3400rpm、N2の100%は約9800rpmです。回転計が84%を指示している場合には、N1は3400×0.84=2856rpm、そしてN2は8232rpmですが、84%のほうが視認しやすいことがわかります。

各回転計のセンサーは、電力のいらない自立型になっています。N1センサーは、電磁誘導を利用したもので、ファンが通過するたびに発生する起電力をパルス信号として数えています。余談ですが、円盤がくるくる回って見える家庭用電力量メーターは、この電磁誘導を利用しています。

そしてN2センサーは、電力がいらないどころか立派な交流発電機としての役割を持ち、周波数は回転速度としてN2計器に、電力はエンジンを制御するために利用しています。

なお、最大推力は100%ではありません。同じ100%よりも大きくなる場合もあります。同じエンジンであっても、改良を兼ねていくうちに回転速度を速くできるようになったからです。

どうやってエンジンの回転を数えているのか

ファン回転数（N_1計器、CF6-80C2エンジン）

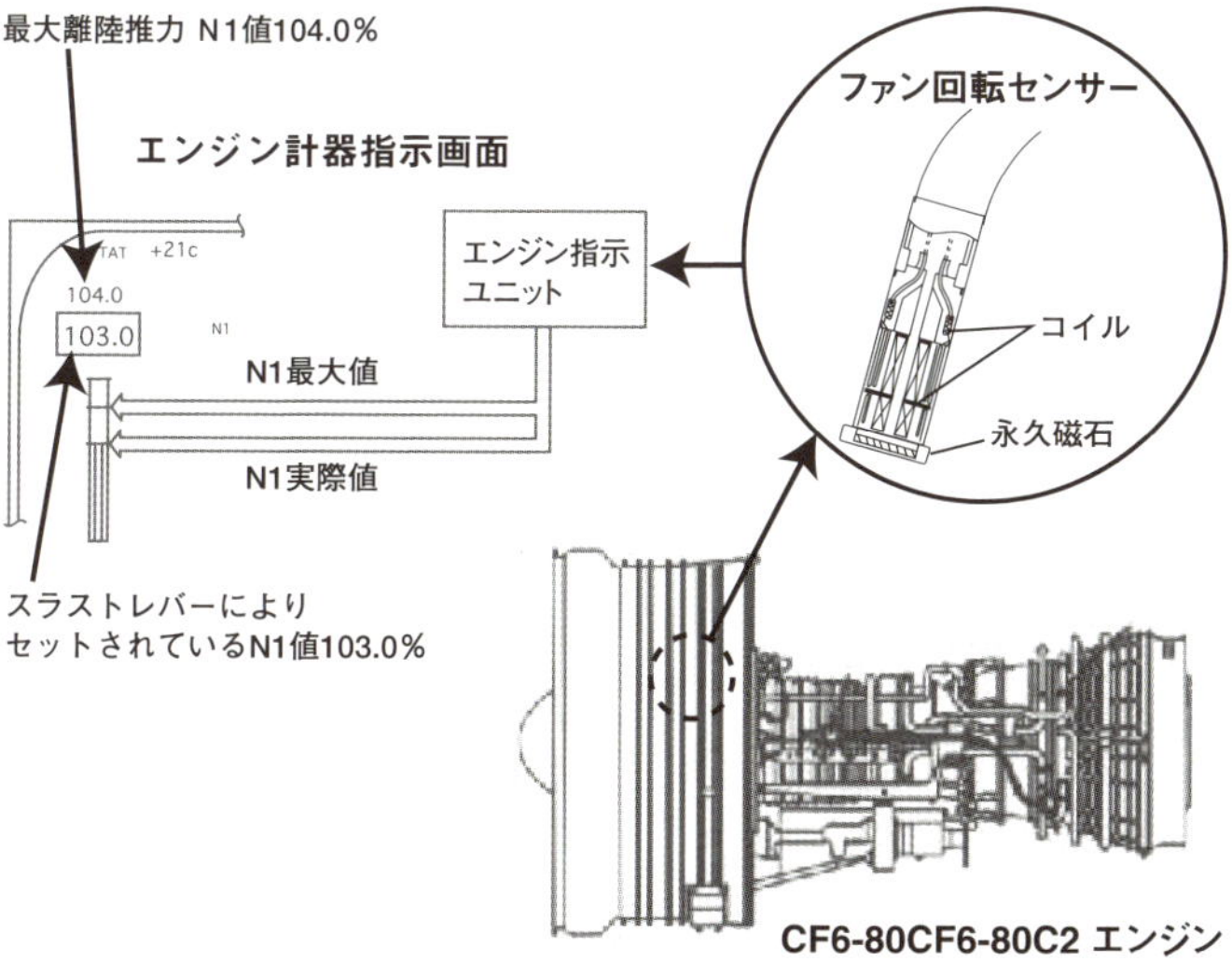

電磁誘導という、ファンが永久磁石を通過するときに起電力が生ずる現象を利用したものです。ファンが通過するたびに生まれる電力のパルスを数えて回転数に変えています。

高圧圧縮機回転数（N_2計器、CF6-80C2エンジン）

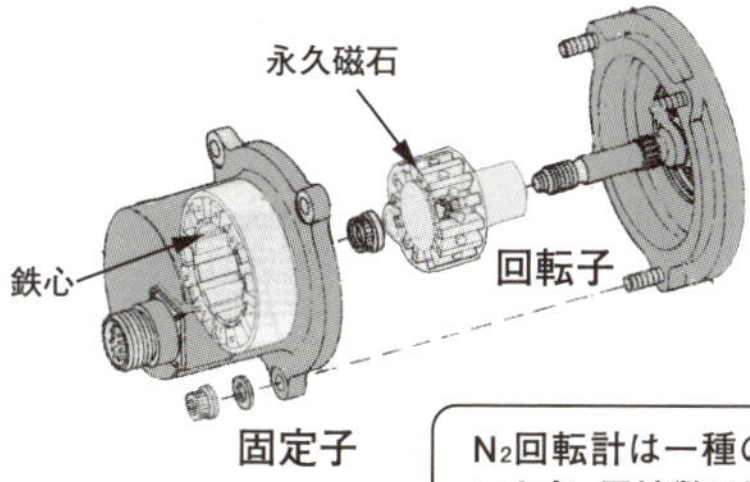

N_2回転計は一種の発電機となっています。周波数は回転数として計器に、そして電力はエンジンを制御するシステムのために利用しています。

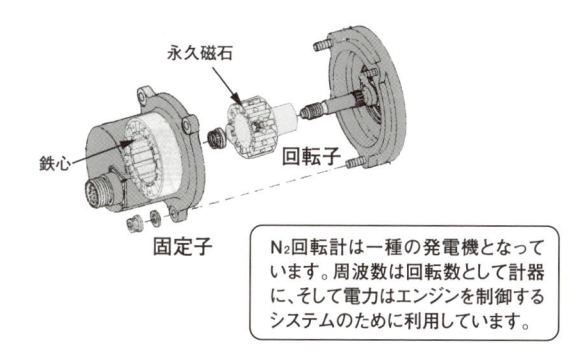

どうやってエンジンの体温を計っているのか

タービン入り口温度の管理が大事

ジェット・エンジンの中で最も過酷な場所は、高圧タービンの最初の羽根です。高温にさらされるだけでなく、高速回転しなければならない過酷な場所です。タービンに吹きかかる温度によっては、エンジンの寿命に大きな影響を与えるだけでなく、タービンの羽がクリープと呼ばれる、時間とともにひずみが増大する現象が発生したりします。

そのためタービンへの入り口温度を計りたいところですが、摂氏1300度以上の高温に長い間耐えられる温度計はありません。もし温度計が壊れた場合は、その破片がほんの少しでも10000rpmの高速で回転しているタービンに紛れ込んだら、一瞬のうちにエンジンは壊れてしまいます。

そこで、タービン入り口温度ではなく、エンジンの排気ガス温度や、タービン入り口に近いが、せいぜい高速タービン出口の温度を計っているエンジンがほとんどです。

問題は、どうやって温度を測定するかです。温度といえば、水銀を利用した体温計を浮かべますが、結果が出るまで3分間待たなければならないのでは役に立ちません。範囲も600℃程度です。敏感に反応して、1000℃以上計ることができるセンサーが必要です。

その条件にぴったりなのが**熱電対（サーモカップル）**と呼ばれる、異なった金属のカップルです。例えば白金と白金ロジウム合金などを熱した場合に発生する、起電力を利用したものです。熱に敏感に反応するだけではなく、熱の変化に直線的に比例することから、ほとんどのジェット・エンジンに採用されている方式です。

どうやってエンジンの体温を計っているのか

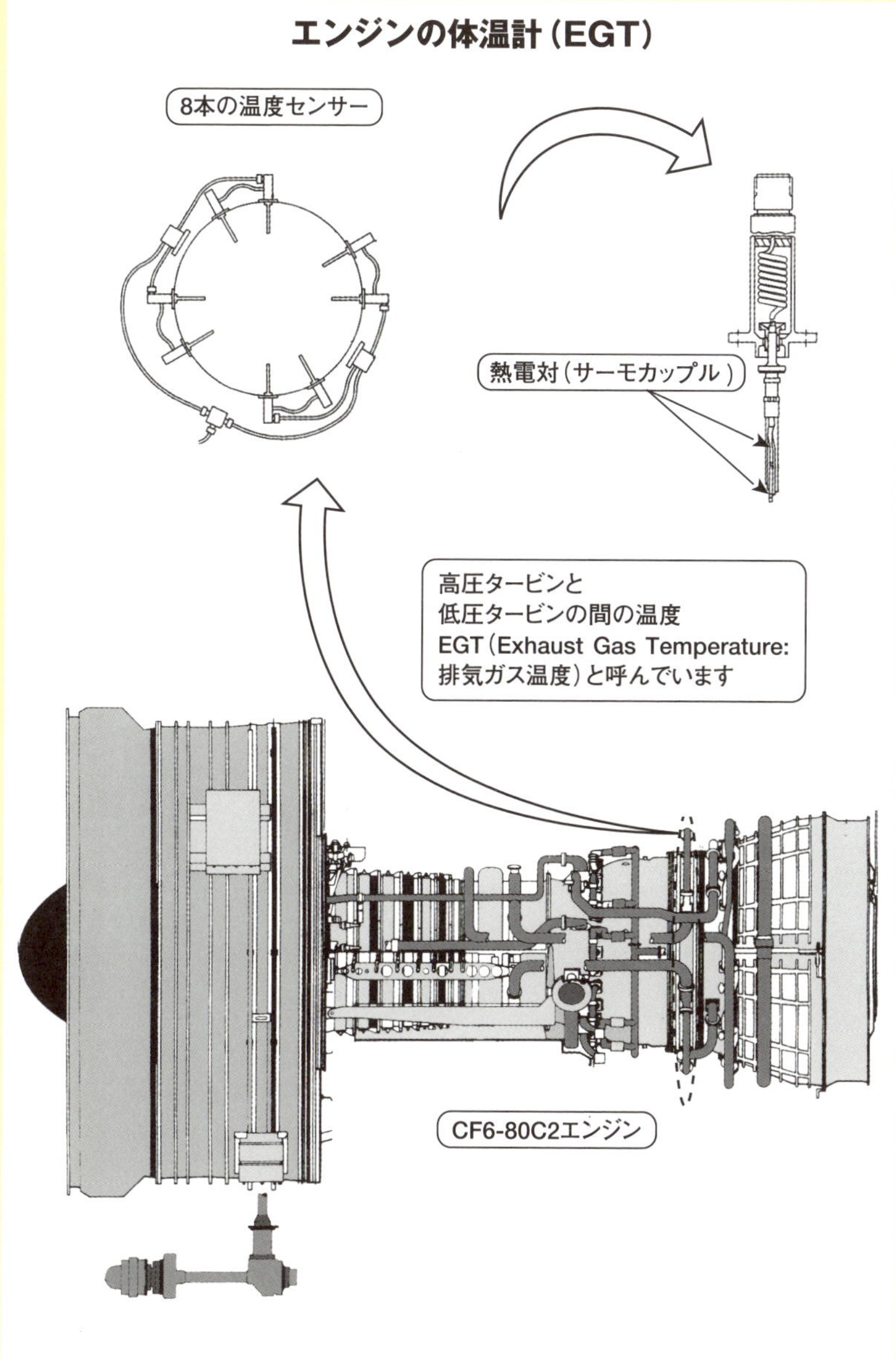

なぜ、エンジンが使う燃料の流量を計る？

燃料流量計が果たしている重要な役割とは

燃料流量計は、エンジンに流入する燃料を計っています。単位は、1時間当たりに流れる燃料の重さです。**量ではなく重さである理由は、飛行機の重さを知るためです。飛行機の重さは、離陸する距離や速度、どこまで上昇できるかといった飛行全般に大きく影響しているためです**。

飛行機の重さの中で、乗客や荷物の重さは飛行中に変化しません。乗客が用を足しても、外に放出するわけではないので、機内にいる限り、人ひとりの重さに変化はありません。

しかし、唯一、エンジンが消費する燃料の重さだけは変化します。例えば前にも調べたように、成田からロンドンまでに消費する燃料は、約１３０トンです。一般的に飛行機の燃費は、高い高度を飛ぶほうがよくなる傾向があり、最も燃費がよくなる高度を、**最適高度**といいます。

この最適高度は、飛行機が軽くなるほど高くなるので、ロンドンまでの飛行では、燃料消費にともない巡航高度を順次上げていく、**ステップ・アップ巡航方式**をとっています。

また運航コストを考慮した**ECON速度**と呼ばれる、経済的な巡航速度も飛行機の重さによって変化します。

ただ飛行中に、飛行機の重さを量ることはできないので、出発時に搭載された燃料の重さから消費燃料の重さを引き、飛行機の重さを算出しなければなりません。そのため燃料流量計からの信号は、逐次コンピュータに入力され、最適高度や経済速度を算出するための重要な要素となっています。他のエンジン計器と違い、常に監視しなければならない計器ではありませんが、以上のように重要な役割を持っています。

なぜエンジンが使う燃料の流量を計るのか

有利な高度へステップアップ

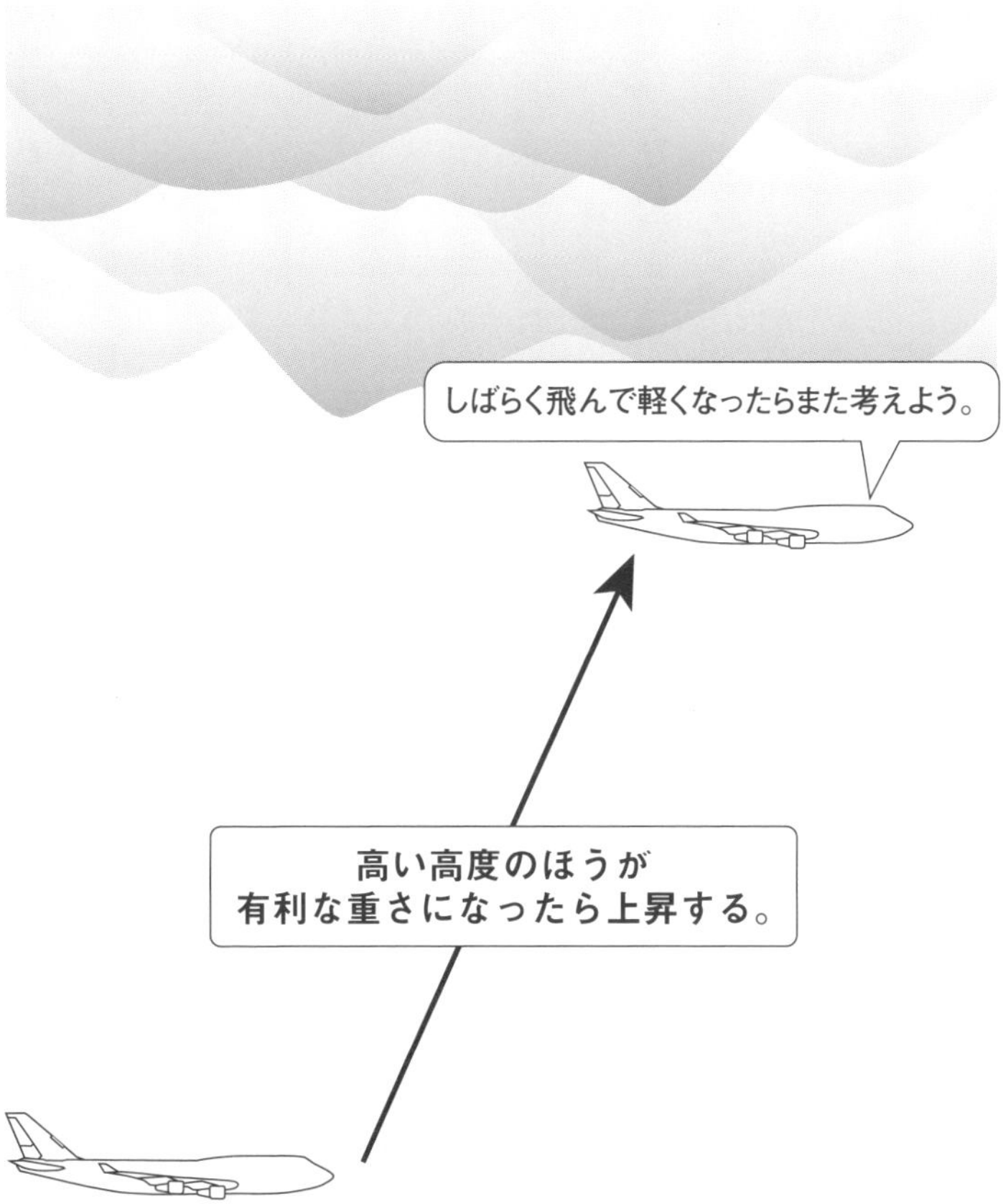
しばらく飛んで軽くなったらまた考えよう。
高い高度のほうが
有利な重さになったら上昇する。

飛行機は高い高度を飛ぶほうが燃費がよくなる傾向にあります。
しかし、あまりにも重いと逆に高く上がると燃費が悪くなります。
燃費が改善される有利な重さになると、高い高度に上昇します。

フライトの準備（その1）

出発時刻の1時間以上前から準備する

整備士の綿密な作業により翼を休めていた飛行機が目を覚ましている頃、パイロットは飛行計画を立てています。

この飛行計画で、飛行機の持つ能力を越えないこと、揺れが少ないこと、そして消費する燃料の量が少ないことなど、安全で快適かつ経済的になるように、**目的地までの空の道順、つまり飛行ルート、巡航高度、上昇および巡航速度、必要な搭載燃料の量、飛行機の重さなどを決定します**。

飛行計画立案後は、パイロットは飛行機が待っているスポットに向かいます。飛行機の駐機場のことを**エプロン**といい、そのエプロンを細かく分けた1機分の駐機場所が**スポット**です。エプロンをランプ、スポットをゲート、ベイあるいはスタンドなどと呼ぶこともあり、それぞれはっきりした名称ではなく混用しているようです。

スポットに到着したパイロットは、整備士から飛行機の整備状況について、詳しい説明を受けます。その内容はたとえ小さなスイッチを1つ交換したことでも、なぜ交換したのか、その結果どのようになったかなど、細部にわたって説明を受けます。その説明が、フライト中に何か不具合が生じてしまった場合、適切な判断や処置をする時の大きな手助けになることがあるためです。

そしてスポットの位置を、緯度経度の形で慣性航法装置のコンピュータに知らせてやらなければなりません。慣性航法装置を自立させる必要があるからです。余談ですが、英国では同じ空港内でも場所が少し違うだけで、東経になる場合と西経になる場合があります。英国（グリニッジ天文台）から、基準となる子午線が始まった歴史を実感させてくれます。

フライトの準備（その1）

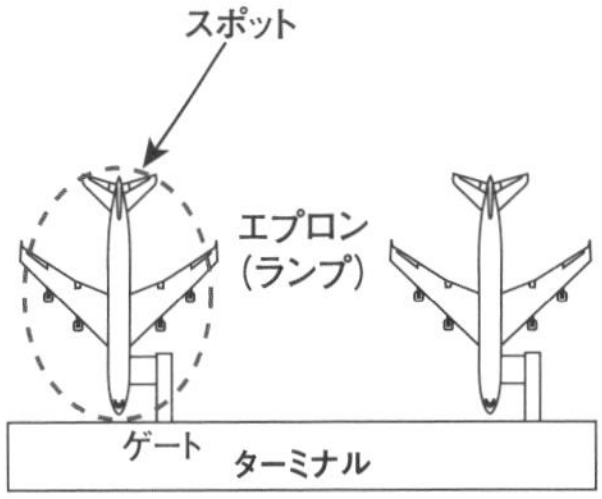

フロンタル方式

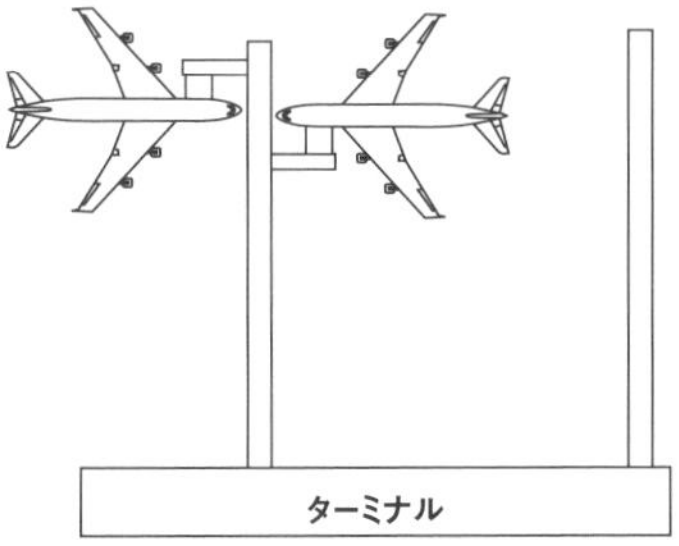

フィンガー方式

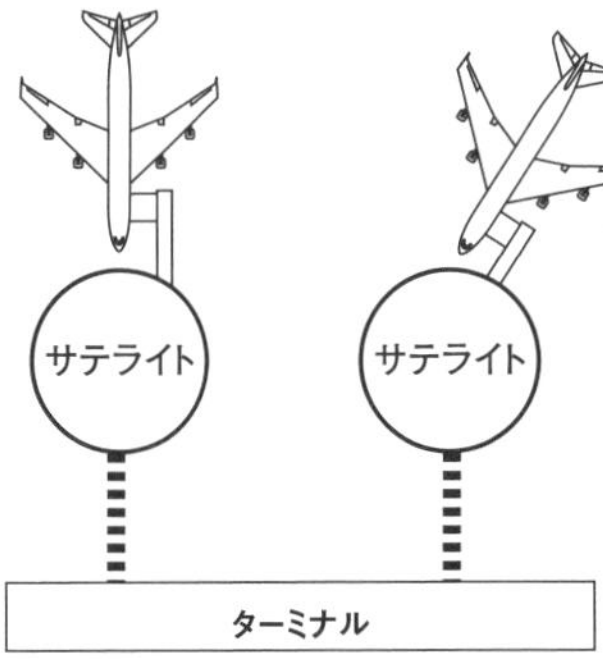

サテライト方式

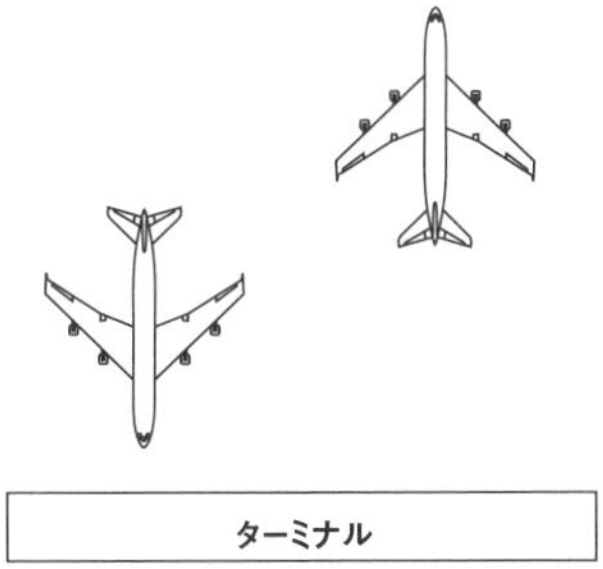

オープンエプロン方式

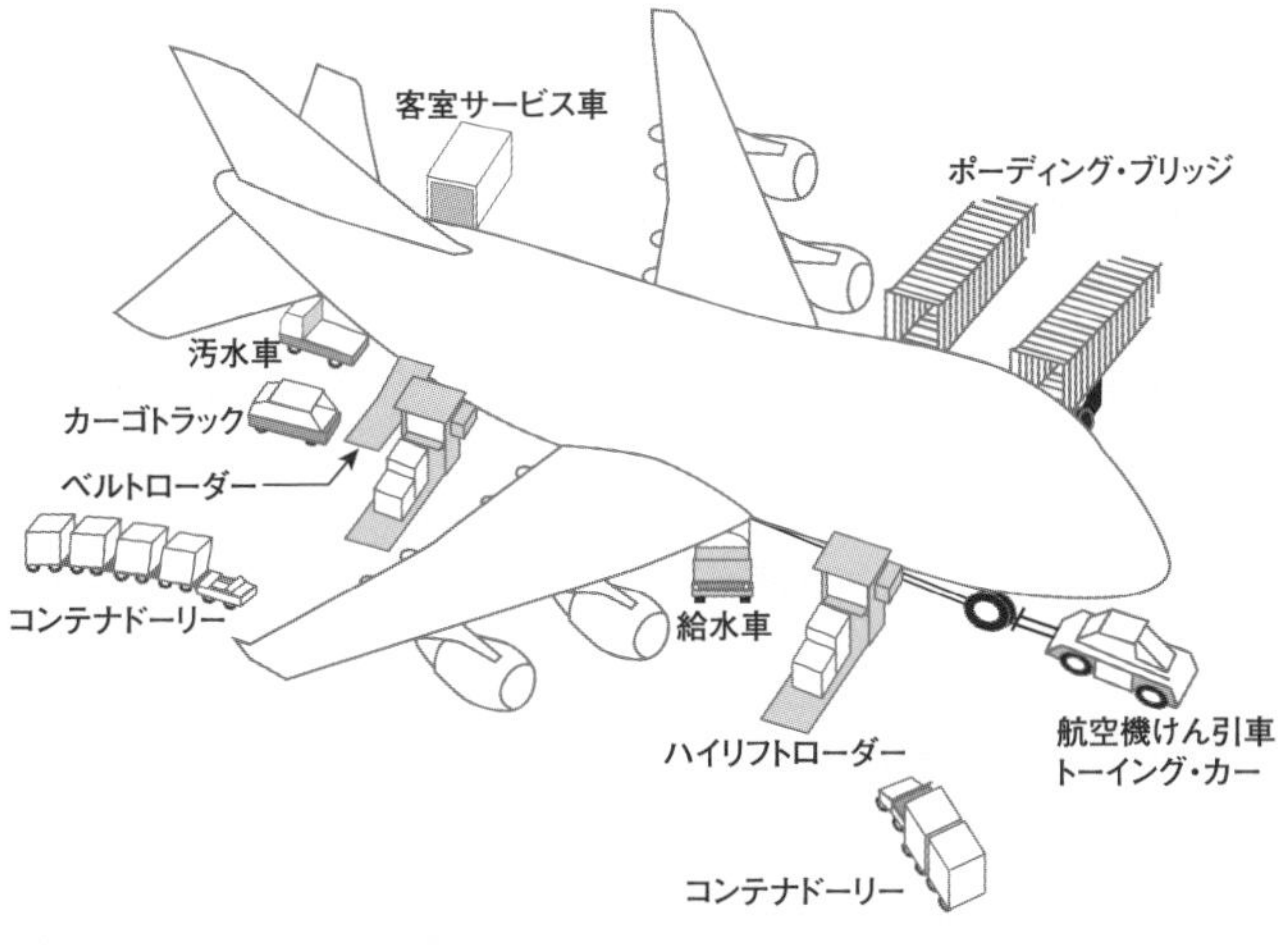

フライトの準備（その2）

出発準備完了まで

調べたように、**慣性航法装置はジャイロと加速度計の組み合わせにより、最初にいた自分の位置からどれだけ移動したか、誰の助けも借りずに知ることができる装置です**。

最初にいる位置、つまり自分がいま駐機しているスポットの緯度と経度を、航法装置が加速度を感じる前に、コンピュータが知る必要があります。そして自分の位置とジャイロが、地球の自転を感知することによって、基準となる真北を求めることができます。

さて、サテライトからでも、パイロットが懐中電灯を片手に、ジャンボ機の回りを**点検（航空界では「外まわり」などという）**している姿がよく見られます。これは、整備士による点検に加えて、パイロットによる**プリフライト・チェック**と呼ばれる飛行前点検が厳重に行なわれているためです。

そしてすべての準備が整ったら、チェックリストによって最終確認を行ないます。

出発時刻が迫まると、最終乗客数や貨物の搭載量がわかってきます。その重さから飛行機全体の重さもわかりますので、コンピュータに入力します。すると離陸に際しての、重要な**離陸データ**が算出されます。

離陸データとは、フラップの角度、離陸に必要な推力の大きさを正確にセットするためのエンジンの設定値、そして離陸速度**V1**《ブイワン》、**VR**《ブイアール》、**V2**《ブイツー》と呼ばれている3つの速度です。

V1とは、離陸を中止するか続行するか決める速度、VRは機首を引き起こす速度、そしてV2は空中に浮き上がってから安全に上昇できる最小の速度のことです。

フライトの準備（その2）

現在位置（出発ゲート）
の緯度経度を入力

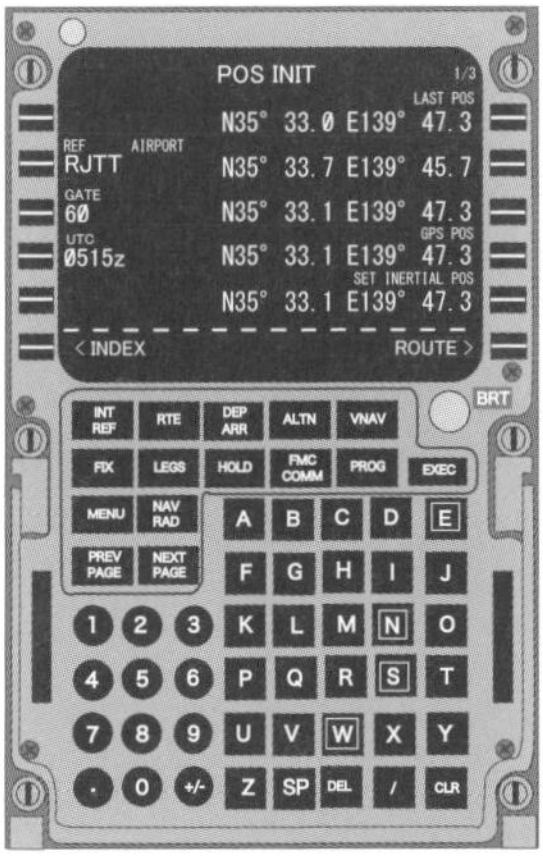

飛行機の重量を入力すると
離陸速度が表示

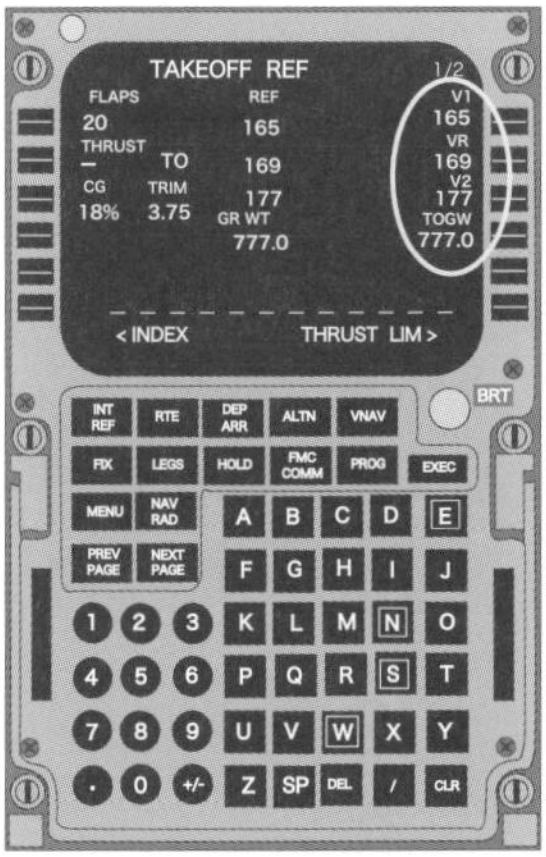

PFD に離陸速度 V1、VR、V2 が自動的に表示

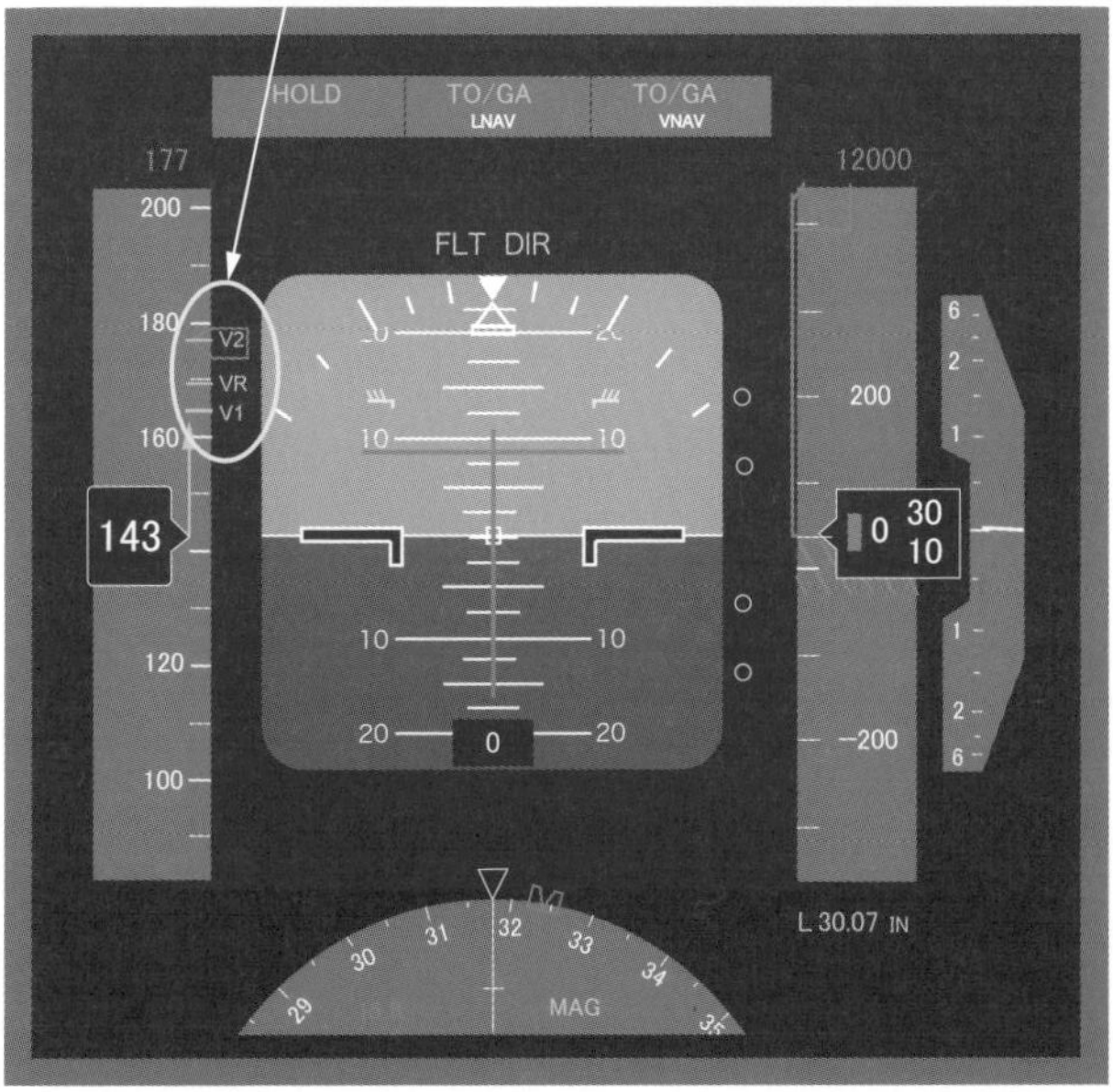

いよいよエンジンスタート！

スタートは右側のエンジンから

すべてのドアが閉まると、いよいよエンジン・スタートです。ほとんどの飛行機は、右側のエンジンからスタートします。**飛行機は進行方向に向かって左側から番号をつける習慣があります**。なぜ右側のエンジンからスタートするのかといえば、左側から搭乗するからです。原則的にはすべてのドアが閉まってからスタートしますが、何らかの理由で左側のドアを開けたままスタートすることを考えた場合に、ドアからもっとも離れたエンジンからスタートしたほうが安全だからです。

しかし必ずしも右側からスタートするわけでもありません。例えば左エンジンのスターターを交換し、その調子を見たい場合には左エンジンから（もちろんすべてのドアが閉まってから）スタートすることもあります。また、エアライン（例えばエアバスA330を使用しているエアライン）によっては、左側のエンジンからスタートしています。

スタート前のチェックリストを実施し、地上にいる整備士によって安全が確認されたら、スタート開始です。胴体の上下でピカッと赤く光るビーコンライトと呼ばれる閃光灯が点灯するので、サテライトからでもスタート開始がわかります。

ところで**飛行機は自分自身の力でバックすることが基本的にはできません**。

絶対にバックできないわけではなく、エンジンを逆噴射することによってバックし、自力でスポットから出るエアラインもあります（外国の場合）。バックができない飛行機をスポットから押し出すことを**プッシュバック**といい、その役目をするのが**トーイングカー（牽引車）**という力持ちの自動車です。

プッシュバック

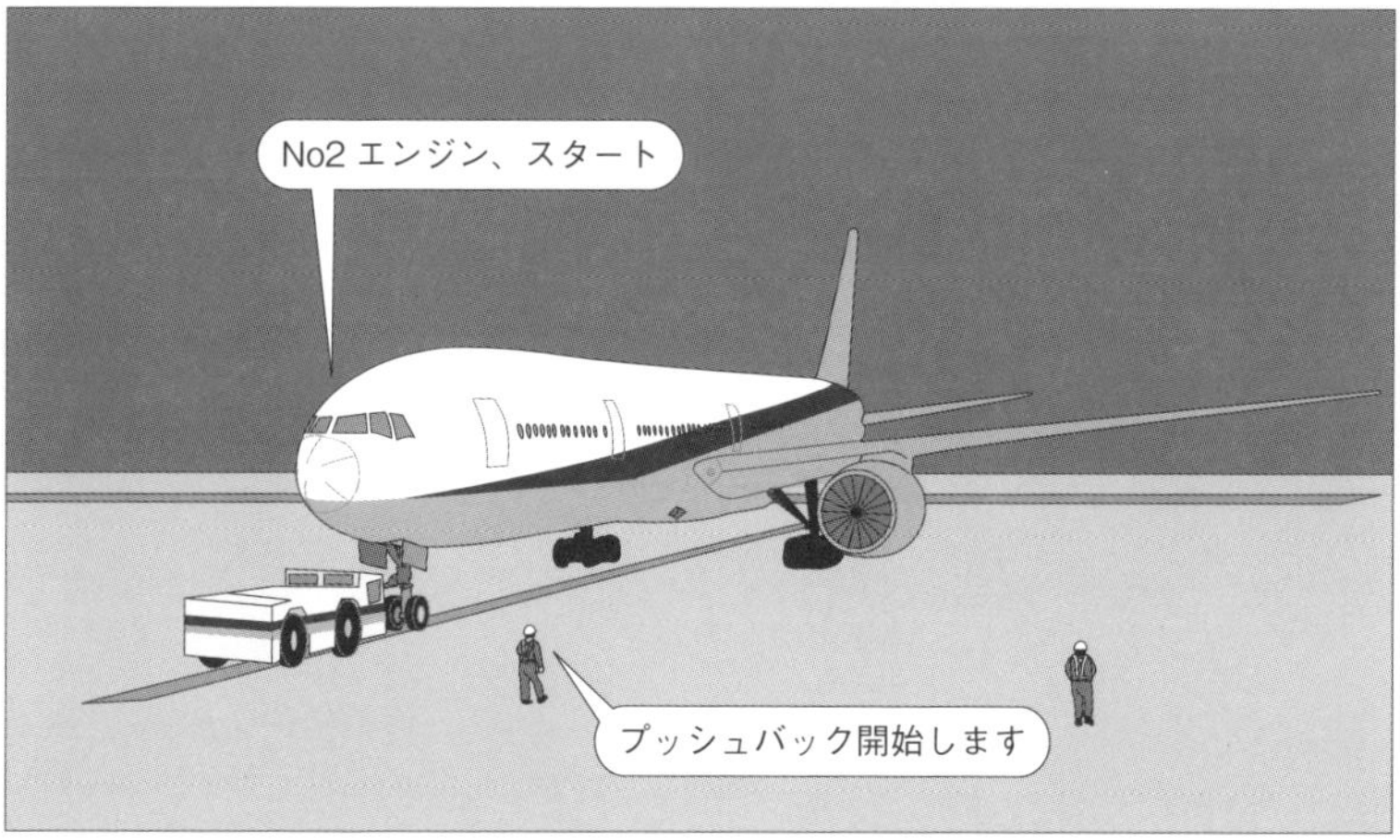

管制官　「プッシュバック・アプルーブ。ランウエイ 34L」

操縦席　「グランドさん、コックピット。プッシュバックお願いします。
ノーズ（機首）はサウス（南）。パーキングブレーキ・リリースします」

整備士　「ノーズ・サウス、了解しました。パーキングブレーキ・リリース。
プッシュバック開始します」

操縦席　「No2 エンジンスタートよろしいですか」

整備士　「No2 エンジンスタート OK です」

操縦席　「No 1 エンジンスタートよろしいですか」

整備士　「No 1 エンジンスタート OK です」

整備士　「プッシュバック完了しました。パーキングブレーキ・オンお願いします」

操縦席　「了解、パーキングブレーキ・オン。エンジンスタート、ノーマルでした。
オール・グランド・イクイップメント・ディスコネクト」

整備士　「了解しました。ディスコネクト完了です。行ってらっしゃい！」

いよいよ離陸

とても重要な「風の情報」

離陸の準備がすべて整い、管制塔から離陸の許可や風の情報を受け取ったら、いよいよ大空に向けて出発です。風の情報は、空気を利用して空を飛ぶ飛行機の場合、特に離着陸時には風に非常に敏感なため、重要です。

巡航中は、対地速度が増して有利な追い風は、離陸中には逆に不利となります。とくに国際線のように、離陸重量が非常に重い場合には、そよ風程度の追い風でも離陸できないことがあります。そのため、**できる限り向い風を受けて離陸する必要があります**。

風の情報は、天気予報のように「北よりの風がやや強いでしょう」という程度では役に立ちません。「３３０度から5ノット（風速約９m）」というように、必ず風が吹いてくる方位と強さが必要です。例えば羽田の場合、そのような風が吹いている時には、北向きの「滑走路34」が使用され、夏場のように南風が吹く場合は「滑走路34」の逆となる、南向きの「滑走路16」などが使用されます。ちなみに**羽田空港には東西南北、どこから風が吹いても対応できるように、合計４本の滑走路があります**。

なお滑走路番号は、磁方位を基準にしてつけています。例えば羽田空港の北向きの滑走路は、磁方位が３３７度なので、まず10で割り、小数点以下を四捨五入して「34」としています。その逆は、１８０度を引いた「16」となります。

同じ磁方位の滑走路が2本並んでいる場合には、「滑走路34R（ライト）」「滑走路34L（レフト）」と呼んで区別しています。余談ですが、羽田空港の昔の滑走路の磁方位は、３３３度だったので、滑走路番号は「33」でした。

離陸速度とは

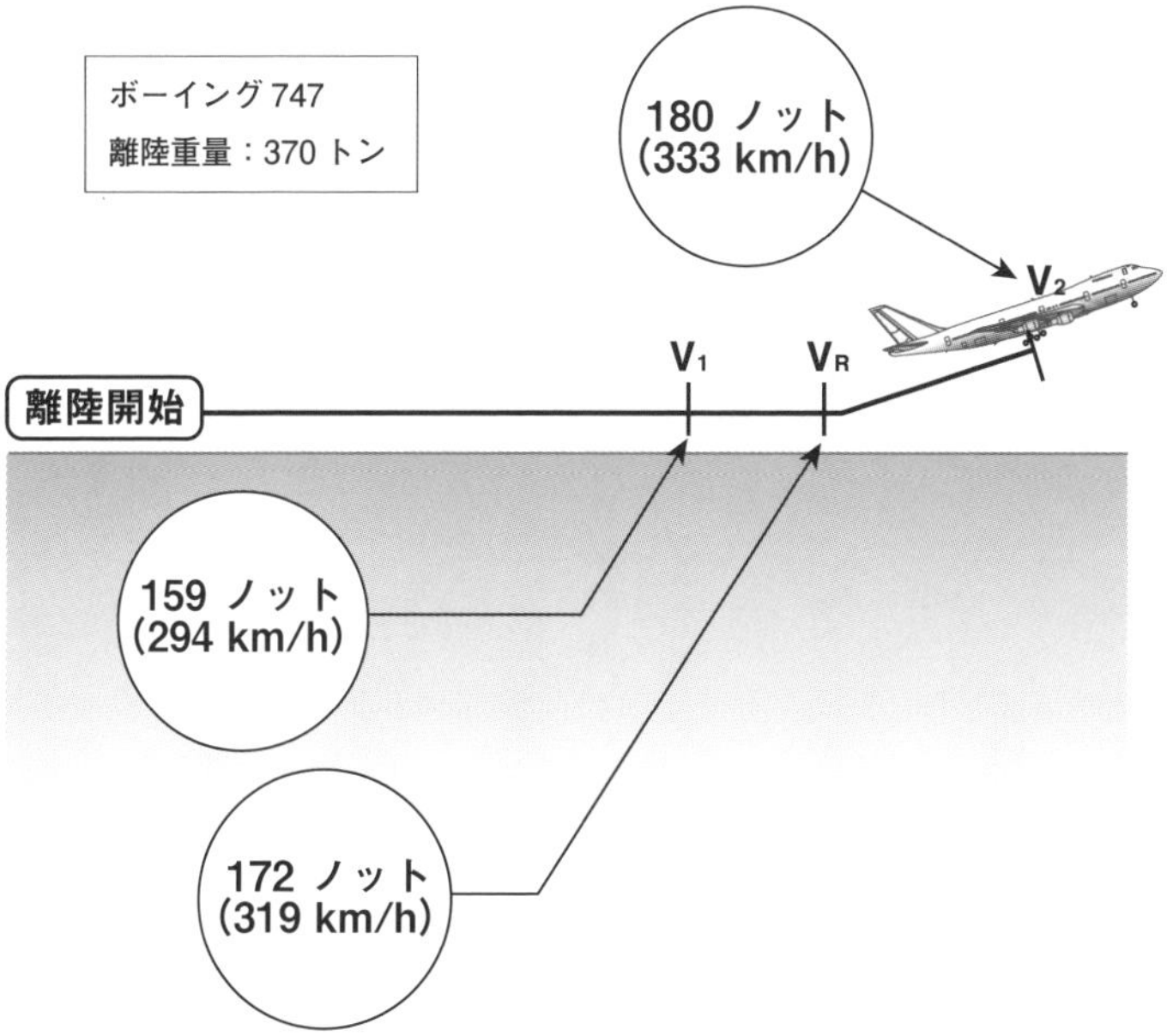

法律上の定義

V_1　加速停止距離の範囲内で航空機を停止させるため、離陸中に操縦士が最初の操作（例：ブレーキの使用、推力の減少、スピード・ブレーキの展開）をとる必要がある速度。また、VEF で臨界発動機が故障した後において、操縦士が離陸を継続し離陸距離の範囲内で離陸面上必要な高さを得ることができるような離陸中の最小速度

V_{EF}　臨界発動機の離陸中の故障を仮定する速度

V_R　ローテーション速度

V_2　安全離陸速度

※臨界発動機とは、ある任意の飛行形態に関し、故障した場合に、飛行性に最も有害な影響を与えるような1個以上の発動機

離陸速度は実際にどう使われるか

3つの離陸速度V1、VR、V2

離陸の許可が出たら、まずスラスト・レバーを離陸出力の70%程度まで押し進め、すべてのエンジンが揃って安定したならば、離陸推力にセットします。一度に離陸推力まで出さないのは、ジェット・エンジンの特徴である加速性の悪さがあります。特に**アイドル（緩速運転）から70%程度までの加速性が悪いため、左右の推力が揃わないと機首があらぬ方向に向いてしまう恐れがあります**。

離陸推力にセットされると、身体が座席に押しつけられ、加速が始まったことが実感できます。速度計の指示がV1を越えると、スラスト・レバーから手を離します。その理由はエンジンが故障しても、もう後戻りをしない決心をしたからです。逆にV1に達するまでは、いつでもスラスト・レバーをアイドルにする準備をしています。急停止するには、まずスラスト・レバーをアイドルまで絞ってからブレーキをかけます。

VRで機首を引き起こすと、飛行機は陸地から離れて空中に浮き上がります。飛行機が地面から離れ、浮き上がることを**浮揚**、英語ではリフトオフ、またはエアボーンといいます。

リフトオフして脚が地についていなくても、V2を越えたらひと安心です。鳥も飛び立つ時には必死になって羽ばたき、その後ゆっくりと羽ばたきますが、V2に達したからでしょう。

上昇を続けて、予定した巡航高度に達すると、水平飛行に移ります。

そして、予定した巡航速度まで加速すると、上昇推力からその速度を維持するための推力に自動的にセットされます。これは、フライトの中でもっとも安定した飛行状態である巡航に移ったことを意味します。

降下開始そして着陸

着陸には力が必要

飛行計画を立てる時は、巡航中をいかに効率よく飛ぶか、いいかえれば、どのような高度をどのくらいの速度で巡航したらいいか、巡航方式が綿密に検討されます。

なぜならば、巡航方式によって消費する燃料の量が大きく違ってくるからです。特に国際線のような長距離の場合はなおさらです。

例えば11時間の飛行で、離陸、上昇、降下、着陸に要する時間は、合計1時間程度。残りの10時間はほとんど巡航が占めています。この10時間の巡航中に消費する燃料は、ドラム缶にして約600本と仮定すると、もし1％でも効率よく巡航できれば、ドラム缶6本もの燃料が節約できる勘定になります。もちろん短距離の場合でも、数多くの飛行を考えれば、「ちりも積もれば山となる」たとえの通り、重要です。

さて、いよいよ目的地に近づき、長い巡航も終わり降下開始です。降下を開始する前には、エンジンの音が急に静かになることからもわかるように、降下中に使用される推力は最小の推力、つまりアイドルです。

そして着陸する時の速度は、飛行機の重さを支える揚力が得られる速度ですので、その大きさは着陸する時の重さによって違います。**一般的なジェット旅客機の場合は、時速約300㎞前後です**。また使用される推力は、フラップや脚が出ると空気の抵抗である抗力が大きくなるので、降下の時と違ってアイドルではありません。着陸寸前まで、離陸推力の70％前後の力を出しています。また、着陸する時は追い風では不利になります。したがって**離陸の時と同様に、向い風を受けての着陸となります**。

中村寛治（なかむら・かんじ）
横浜市出身。早稲田大学卒業後、全日本空輸（株）にて30数年間ボーイング727、747の航空機関士として乗務。総飛行時間は14,807時間33分。現在は、エアラインでのフライト経験を生かし、実際に飛行機に乗務していた者から見た飛行機のしくみ、性能、運航などに関する解説や文筆活動を行っている。おもな著書は『空を飛ぶはなし』（公益社団法人　日本技術協会）、『カラー図解でわかるジェット旅客機の秘密』、『カラー図解でわかるジェット旅客機の操縦』、『カラー図解でわかる航空力学「超」入門』、『カラー図解でわかるジェット・エンジンの科学』、（サイエンス・アイ新書）など多数。

カバー・本文デザイン・DTP：コイデマサコ
図版作成：中村寛治
編集協力：編集社　三浦悟朗

眠れなくなるほど面白い
図解　飛行機の話

2017年11月20日　第1刷発行
2024年 9 月10日　第8刷発行

著　者　中村寛治
発行者　竹村　響
印刷所　TOPPANクロレ株式会社
製本所　TOPPANクロレ株式会社
発行所　株式会社日本文芸社
〒100-0003　東京都千代田区一ツ橋 1-1-1　パレスサイドビル 8F

URL https://www.nihonbungeisha.co.jp/

Printed in Japan 112171101-112240826 Ⓝ 08　(409099)
ISBN978-4-537-26174-5
（編集担当：坂）

＊本書は2007年4月発行『面白いほどよくわかる飛行機のしくみ』を元に、新規原稿を加え大幅に加筆修正し、図版をすべて新規に作成し再編集したものです。